施工项目管理学

唐征武　编著

上海交通大学出版社

内容提要

本书密切结合施工项目的特点与实际,内容包括我国施工项目的历史沿革、施工管理模式、施工项目分类、施工管理团队的建设、施工管理组织、施工项目管理的主要目标及措施、施工项目管理的收尾工作与善后工作、计算机信息技术在施工项目管理中的应用。本书注重理论与实践相结合,在编写过程中,笔者始终遵循系统化、现代化、规范化和适用化的原则,深入浅出地讲述了相关内容,内容充实、可操作性强、深浅适度、通俗易懂。

本书可作为施工管理人员、工程技术人员和监理工程师的培训、学习用书。

图书在版编目(CIP)数据

施工项目管理学/唐征武编著. —上海:上海交通大学出版社,2021
ISBN 978 - 7 - 313 - 24572 - 4

Ⅰ.①施… Ⅱ.①唐… Ⅲ.①建筑施工—项目管理 Ⅳ.①TU712.1

中国版本图书馆 CIP 数据核字(2021)第 028140 号

施工项目管理学
SHIGONG XIANGMU GUANLIXUE

编   著:唐征武
出版发行:上海交通大学出版社   地   址:上海市番禺路 951 号
邮政编码:200030   电   话:021 - 64071208
印   制:苏州市古得堡数码印刷有限公司 经   销:全国新华书店
开   本:787mm×1092mm 1/16   印   张:13.25
字   数:324 千字
版   次:2021 年 1 月第 1 版   印   次:2021 年 1 月第 1 次印刷
书   号:ISBN 978 - 7 - 313 - 24572 - 4
定   价:79.00 元

前　言

随着市场经济的发展,我国的施工企业渐渐适应了市场经济体制的管理模式。在长期的发展过程中,其传统的"等、靠、要"思想已逐步被现代的市场观念和竞争意识所取代。尽管施工项目的总体趋势呈良性发展,但是也应看到目前我国施工企业存在的问题:还在使用较传统的经验管理模式,现代化项目管理模式普及程度较低,管理体制不够完善、施工项目与企业间出资不明或关系不清等。施工项目本身就是高风险的行业,具有耗资大、工期长、参与主体多、组织关系复杂等特点,因此在施工过程中常常会出现质量、安全、施工进度、财务资金等方面的风险,而这些风险往往都会导致施工企业收益的减少,甚至发生重大人身伤亡事故。

对此,施工企业要想规避施工项目中的风险,使其顺利进行,从而实现管理目标,就必须结合施工项目具体的特点和实际情况,并运用科学的管理方法、理论来构建科学的施工项目管理框架体系,以推进施工项目管理的创新,最终使施工项目的管理工作逐渐与当代企业管理制度相适应。

本书分为十一章,详细地阐述了施工项目管理中理论与实践方面的内容。首先,介绍了我国施工项目的历史沿革、施工管理模式、项目分类;其次,论述了施工管理团队的建设以及施工管理组织中的问题与对策;再次,探究了施工项目管理的主要目标及措施,如安全控制、质量控制、成本控制、进度控制、环境保护管理、资源管理以及合同管理等;然后,阐述了施工项目管理的收尾工作与善后工作;最后,介绍了计算机信息技术在施工项目管理中的应用。本书期望能对我国施工项目企业提高项目管理水平以及取得良好经济效益有所帮助。

编　者
2020.9

目 录

第一章

绪　论

本章介绍了我国施工项目发展历史沿革、工程施工项目管理模式和施工项目的分类。

第一节　我国施工项目发展历史沿革

一、中国悠久的项目史与项目管理的产生

（一）中国悠久的项目史

项目作为国民经济及企业发展的基本元素，一直在人类的经济发展中扮演着重要角色。实际上，从有组织的人类活动出现至今，人类就一直执行着各种规模的"项目"。中国作为世界文明古国之一，在历史上有许多举世瞩目的"项目"。

1）大禹治水

在我国古代神话传说中，中原地区洪水泛滥，给人民带来了无边的灾难。为了解决这一难题，大禹走遍了中原大地的山山水水，一路测量，并在吸取父亲堵截治水的教训后，根据实际情况发明了一种疏导治水的方法——采用"治水须顺水性，水性就下，导之入海"的治水思想，改"堵"为"疏"，实践即"高处凿通，低处疏导"。同时，他还根据水患的轻重缓急制订了长期的治理计划，并分阶段、分步骤地开展了治水工程。大禹治水体现了中华民族科学创新、严明法度、尊重自然、艰苦奋斗、以身为度的伟大精神。

2）都江堰

都江堰是秦时蜀郡太守李冰父子在前人开凿的基础上组织修建的大型水利工程，由分水鱼嘴、飞沙堰、宝瓶口等部分组成。该工程规划完善，其分水鱼嘴和宝瓶口的联合运用能按照灌溉、防洪的需要来分配洪、枯水流量，至今仍发挥着防洪灌溉的作用。都江堰是全世界迄今为止，年代最久、唯一留存、以无坝引水为特征的大型水利工程，其规划、设计和施工都具有较高的科学性和创造性。

（二）项目管理的产生

在项目管理的过程中，难免会出现各种各样的问题。曾有人提出，人类最早的项目管理是中国长城和埃及金字塔，虽然当时人们完成项目的主要想法只是为了完成任务，但这也在潜意识中体现了项目管理。直到 20 世纪初，项目管理还未形成有效的计划和方法、科学的管理手

段以及明确的操作技术标准。所以,当时人们对项目的管理,主要还是凭借和依靠别人的经验、智慧、直觉、才能、天赋等,不具备科学性。

这种情况一直持续到第二次世界大战时期。由于战争的爆发,新式武器、探测雷达设备等新型项目接踵而至。这些项目不仅技术复杂、参与人员众多,并且时间紧迫、经费有限。因此,人们开始关注能够有效实现既定目标的项目管理方式。"项目管理"这一名词就是从这时起,逐步被人们所认识。

随着现代项目的规模越来越大,项目的投资额越来越高,涉及的专业越来越广泛,项目内部的关系也越来越复杂。传统的管理模式,即"设计—招标—建造"模式已经无法满足运作好一个项目的需要,于是产生了适应现代项目的管理模式,如"设计—建造方式"等,这些模式逐步发展成为主要的管理手段。

二、我国工程项目管理的发展过程

我国的项目管理研究和实践开始于工程项目建设。其中,利用世界银行贷款修建的鲁布革水电工程是我国实施科学项目管理的第一个大型项目。随着鲁布革工程的国际招标和项目实践,我国建筑业掀起了推行项目法施工的热潮,而项目管理理念也逐渐成为指导我国工程管理的基本原则。

纵观我国工程项目管理的发展历程,大体可分为四个阶段。

(一)第一阶段

从1984年我国建设工程实行招标投标制,到1986年国务院提出学习鲁布革水电工程项目法施工的经验,是我国项目管理的奠基阶段。

(二)第二阶段

从1987年五部委联合颁发通知"在一批试点企业和建设项目推行项目法施工",到1993年形成的项目法施工基本经验,是我国项目法施工的试点推广阶段。

(三)第三阶段

从1994年到1997年,建设部颁布了《关于推行项目管理的指导意见》,明确了推行项目管理的指导思想、意义、目的及运作方式,是项目管理的全面推广阶段。

(四)第四阶段

从1998年建设部提出"全面运用项目管理的现代化管理方法创建优质工程"到2020年,是项目管理的深化发展阶段。2002年,建设部推出了《建设工程项目管理规范》,该规范从理论和实践两个方面总结了我国建设工程施工项目管理科学的内容。

三、铁路工程管理的发展历程

我国铁路工程管理正处于改革发展史中变化最复杂的时期,急需在建设市场、参建主体、交易过程、合同关系、技术标准和管理方法等方面进行系统融合和提升。在这一大背景下,回顾我国铁路工程管理改革的历史,总结取得的成绩和经验,调整工程管理的各层生产关系,展望未来,对于工程管理发展来说意义重大。

我国铁路工程管理改革经历了四个阶段。

(一)第一阶段

该阶段从1952年始,到1978止,是体制过渡阶段。

1）"三足鼎立"管理体制（1952 年）

铁路建立了基建、设计、施工单位"三足鼎立"的管理体制，三方分工负责，既互相协作又互相制约，并在铁道部的领导下共同完成了铁路建设任务。

2）大包干制（1958 年）

按预算总价包干，分期拨款，不再按实际数量和成本清算。组织上，采取工程局并入铁路管理局改称铁路局的模式，实行"工管合一"。

3）承发包制（1962 年）

成立工程局及基本建设工程发包组，工、管重新分开，又形成了基建、设计、施工单位"三足鼎立"分工负责的管理体制。

4）两位一体制（1965 年）

重新实行基建、施工单位两位一体制。施工单位全面负责所承担的工程。

（二）第二阶段

该阶段从 1984 年始，到 1994 年止，是市场化推进阶段。

1）投资包干（1984 年）

建设单位、工程承包公司（接受主管部门或建设单位的委托）和施工单位对铁道部实行概算包干，都要一次包定，超出不补，节约分成，层层落实，不能敞口；随后，合同管理制度的确立和工程监理制度的推行都使得铁路工程管理日益规范化。

2）深化铁路基建体制改革（1992 年）

铁道部提出基建行业要率先"推向市场"，走企业化、集团化经营道路，进一步深化铁路基建体制改革。

3）推行现代企业制度（1994 年）

铁道部颁布了《关于深化铁路改革若干问题的意见》，为率先走向市场的铁路基建确定了深化改革的具体政策方向，研究并在基建企业推行现代企业制度。

（三）第三阶段

该阶段从 1995 年始，到 2004 年止，是政府行业管理强化阶段。

进入"九五"后，铁路建设管理体制和设计管理体制加大了改革的推进力度。建筑市场上，施工企业、设计企业先后脱离铁道部，建立了竞争性的市场格局；企业资质管理加强了市场细分准入管理。与此同时，招投标制度的建立以及合同范本的推行进一步强化了公平交易和项目目标责任管理，系列技术标准和质量验收标准的出台加强了质量控制，质量、安全监督和质量责任制、质量事故追究制、质量保修制等制度完善了质量管理体系。

铁道部作为国务院铁路主管部门，进一步明确了行业管理的职责，不再直接参与工程建设。由各铁路局和铁道部工程管理中心承担建设单位的职责，铁道部建设管理司承担铁路行业管理、安全管理、市场管理、宏观调控及对外关系等方面的职能。

（四）第四阶段

该阶段从 2005 年始，至今仍在沿用，是深层次改革阶段。

随着《铁路中长期发展规划》的批准和跨越式发展战略的实施，铁路工程管理深层次的改革必须逐渐深入，在向规模要效益、向市场要投资、向管理要质量及向系统要安全等方面展开一系列改革。

随着多条铁路客运专线建设序幕的拉开，中国高速铁路建设进入了技术和管理全面系统提升的冲刺阶段。

四、我国工程项目管理的未来发展方向

为了发展我国的施工项目管理,完善我国的建筑市场培育发展,从而使市场机制能有效地发挥其应有的作用,我国的施工项目管理必须更科学化。对此,我国工程项目管理科学化发展的方向应包含以下三个方面的内容。

(一)实现工程项目管理与建设监理体制的融合

监理制度推行的本意是改革原有的建设管理模式,推行现代化的工程项目管理体制。

1)工程建设项目管理要与经济发展以及改革程度相适应

由于工程建设项目越来越庞大且复杂,而建设监理(工程项目管理)符合建筑业发展的规律,因此是业主方在工程项目管理中采用的主流方式。

从建筑业性质、功能效果、管理规律、监理效益等方面来看,组织一支强大的、高素质的、专业化的、社会化的监理队伍,大力推行并全面实施工程项目管理与工程建设监理相融合,是十分必要的。

2)我国工程项目管理与工程建设监理相融合的科学性

工程项目管理与工程建设监理理论基础是一致的。我国的工程监理是专业化、社会化的建设单位项目管理,其依据的基本理论和方法来自项目管理学,这在1988年建立工程监理制度之初就已明确界定。

工程项目管理与工程建设监理的目的和职责都是协助建设单位完成建设工程总目标,并通过管理工期、成本、安全和质量等项目的各个方面实现成功交付。其重点在于促使工程项目效益最大化。

(二)兼容并蓄,取长补短

我国推行工程监理制度由来已久,无论从市场需求还是自身发展来看,项目管理制度的兴起不应以取代监理制度为前提,而是应努力实现监理制度与项目管理的融合,进而完成由工程监理制度向项目管理制度的过渡。

近些年,监理制度的改革实践为创建项目管理公司打下了坚实的基础;同时我国条件较好的咨询、设计、施工和监理企业都希望能够全面地参与工程项目的管理,以达到项目管理的最优状态。我国政府对创建项目管理公司也给予了大力的支持和指导。

另外,相关的行业协会和高等院校对项目管理公司的研究和推广,为我国现有企业培育和改造项目管理公司奠定了较好的理论基础,创造了一个良好的社会环境。工程项目管理的兴起为建设服务业注入了新的生机和活力,但制度的完善和市场的接受能力还有个过程。对此,项目管理制度应在这个过程中,首先实现与建设监理融合,兼容并蓄,取长补短,逐步形成适合我国国情和工程实际的项目管理系统,最终将建设监理融入工程项目管理中。

(三)学习先进的工程项目管理模式及其管理方法

目前,国际上流行的工程项目管理模式主要有传统项目管理(Project Management,PM)模式、建筑工程管理(Fast-Track Construction Management Approach,CM)模式、设计—建造(Design-Build)模式、设计—采购—施工(Engineering Procurement and Construction,EPC)交钥匙工程管理模式、设计—管理(Design-Manage)工程管理模式和建造—运营—移交(Build Operate Transfer,BOT)项目管理模式。

在工程中,具体的工程建设项目选用何种项目管理模式,需由专业的工程管理咨询公司根据实际情况做项目评估和分析,并提供项目建议书给业主投资方,再由项目业主综合衡量工程建设项目各因素做最终决定。

（四）建设工程项目管理人力资源,造就"龙头"企业

1）人力资源

项目管理行业是智力密集型、知识密集型行业,因此项目管理单位最主要的资源是人力资源。工程咨询业从业人员必须具备相应的知识、技术能力和职业道德。人力资源将是项目管理公司在市场竞争中影响成效的最主要因素,工程项目管理公司应该把人力资源建设当作重中之重,不能简单地把监理公司的人员全部转入工程项目管理公司,要根据工程项目管理服务的特点来组织公司的人力资源。

2）国家支持

国家应造就一批科研设计、融资开发、施工管理和建材采购一体化的智力密集型总承包企业或企业集团,这类企业不仅具有较强的科研开发能力、设计能力和投资能力,而且具有很强的技术水平和管理能力,能真正起到"龙头"作用,带动全行业的发展。

第二节　工程施工项目管理模式

现代工程项目的管理难度和复杂程度越来越高,了解并正确选择工程项目管理模式将是实现工程项目预定目标的关键。但是,由于建设项目管理模式的理论研究在国内没有得到足够的重视,因此无论是业主方、设计单位还是施工单位,都不太了解各种模式的特点和适用范围,甚至对模式的内涵都存在误解,所以在选择建设项目管理模式时,往往具有较大的盲目性和随意性。故而在工程项目管理实践中,各方管理人员通常都会按照自己的理解各行其是,以至于出现了不少混乱的现象。这不仅影响了模式本身优势的发挥,还影响了项目的进程。

所以,为了更好地把握各种模式的特点及其内在关联,从而做出正确的选择,就要对工程项目管理模式进行分类探讨。

一、工程项目管理模式的几种分类方式

笔者通过分析梳理相关研究资料,选取其中一部分具有典型性、基本能涵盖主要分类观点的分类方式进行阐述。

（一）项目管理服务与项目承包服务

按工程项目管理公司是否直接与各施工承包商签订合同分类,姜早龙等学者认为工程项目管理模式可以分为两大类:第一类是提供项目管理服务模式,主要包括传统设计—招标—建造（Design Bid Build, DBB）模式、代理型 CM 模式、项目管理型项目经理（Project Management, PM）模式、设计—管理 DM 模式、EPC 交钥匙模式;第二类是提供项目承包服务模式,主要包括风险型 CM 模式、项目管理承包（Project Management Contracting, PMC）模式、设计—管理模式（形式二）、BOT 模式。

（二）承发包模式与工程项目管理模式

学者张守峰指出，目前国内外较成熟的承发包模式主要有传统模式、设计—建造模式、设计—采购—施工/交钥匙模式；工程项目管理模式分为管理服务模式（也称费用型）、管理承包模式（也称风险型）。根据工程项目的不同规模、类型和业主要求，可采用的项目管理模式有工程咨询公司（工程师）、建筑工程管理模式、设计—管理模式、管理承包模式、项目管理承包模式。

雷应金对项目承发包模式和 CM 模式进行了详细的介绍，并指出建筑工程中应用最为广泛的工程项目承发包模式包括平行承发包模式、设计—施工总承包模式、BOT 模式以及 CM 模式等。他还阐述并归纳了工程总承包与工程项目管理的基本概念和基本方式，认为工程总承包模式包括设计—采购—施工/交钥匙模式、设计—施工模式；工程项目管理包括项目管理服务、项目管理模式。在谈及国际工程承包和项目管理的通行模式时，他指出，在建设项目管理模式上，原有单一的设计—招标—建造（施工）模式已经发展到总承包/交钥匙、项目管理承包等多种模式。近几年，项目管理承包和总承包/交钥匙模式已被普遍运用于国内外资、独资项目和中外合资项目的建设中，且不论是大项目还是小项目，几乎都选择了这两种模式，甚至在某些大型项目建设中，会同时采用项目管理承包和总承包/交钥匙两种模式。

赵文义认为，在中国，传统的工程项目管理模式可依据管理主体和承包方式来进行划分。从管理主体的角度可分为建设单位自管模式、工程指挥部管理模式、代甲方管理模式；从承包方式的角度可分为平行承发包模式、总分包模式、全过程承包模式、全过程承包责任模式。

（三）常用模式与新模式

翟广星将建设工程项目管理模式分为常用模式和新模式两类。常用模式包括传统模式、建筑工程管理模式、设计—建造模式、BOT 模式、管理服务模式；新模式包括设计采购施工模式、管理承包模式、合伙模式（Partnering）、项目总控模式（Project Controlling）。

（四）融资管理模式与建设管理模式

曾戈君指出，对于常见的国际工程项目管理模式，可以从融资角度和项目建设方式两个角度出发进行研究。融资管理模式包括公司融资、BOT 融资［包括建设—拥有—经营—转让（Build Operate Own Transfer，BOOT）、建设—移交（Build Transfer，BT）、建设—租赁—转让（Build Lease Transfer，BLT）］、资产支撑证券化（Asset Backed Securitization，ABS）、政府和社会资本合作（Public Private Partnership，PPP）、移交—经营—移交（Transfer Operate Transfer，TOT）；建设管理模式包括传统模式、建筑工程管理模式、设计—建造模式、设计管理模式、管理承包模式、更替型合同模式。同时他还指出，与传统模式相比，融资管理模式在项目建设方面并没有太大的改变，只是在项目运行前期，因其融资特点会在管理结构和管理方式上有所区别。在某些特殊情况下，可能会影响到项目建设模式。

二、工程项目管理模式分类现状分析

综合上述几种分类方式，不难看出，当前我国学术界和工程界尚未形成统一的项目管理模式分类标准，总体上对于分类的定义还是比较模糊和混乱的。

（一）几种分类观点的辨析

（1）姜早龙的分类方式有助于理解项目管理公司提供的服务范围和承担的风险范围。但是，这种仅考虑项目管理公司而忽略其他建设主体方的分类方式是非常狭隘的，必然会出现明显的不合理性。如将 DBB、EPC 模式纳入"提供项目管理服务"的模式范畴是不合理的，因为承担 DBB 和 EPC 任务的都是承包商,而不是项目管理公司;同时,将 BOT 模式纳入"提供项目承包服务"的模式范畴也不合理,因为 BOT 管理方一般不是项目管理公司,而是具有较强的项目融资能力的私营业主和企业。

（2）张守峰和雷应金并没有提出明确的分类方法,但是他们都将工程项目承发包模式和工程项目管理模式纳入了各自论文的研究范畴。雷应金还指出:"在大型项目建设中,无不同时采用 PMC 和 EPC 两种模式。"由此推断,他欲将工程项目管理模式分为工程项目承发包模式和工程项目管理模式两大类。在分类过程中,考虑到承包商和项目管理公司两个建设方,雷应金把工程实施任务的发包和工程管理任务的委托作为分类标准,这与姜早龙的分类方式相比,涵盖范围更广,合理性更高。但是,名词的重复使用是这一分类方式的主要缺点,需仔细推敲。

论及工程项目管理模式时,张守峰首先将其分为管理服务 PM 模式（也称费用型）和管理承包 PMC 模式（也称风险型）两类,并指出可采用的项目管理方式有工程咨询公司（工程师）、建筑工程管理模式、设计—管理模式、管理承包模式和项目管理承包模式。但不足的是,他并未进一步阐明项目管理方式与前述的费用型和风险型分类之间的关联。另外,张守峰并未提及建造—运营—移交模式、合伙模式以及项目总控模式等模式应如何划分款标准,这侧面反映了该种分类方式的短板,即不能涵盖当前所有的工程项目管理模式。

赵文义提出了按照管理主体和承包方式来划分管理模式的观点,并据此对中国传统的项目管理模式进行了划分。但这一分类方式仅适用于部分中国工程界的使用模式,有一定的局限性。他与张守峰、雷应金的观点基本一致,都是从工程项目承发包模式和工程项目管理模式两大角度进行划分,只是提法上有变化。他强调以管理的主体作为划分标准,而张守峰和雷应金则以管理任务的委托作为划分标准。

（3）翟广星将建设工程项目管理模式分为常用模式和新模式两类。从工程界对各种模式的使用程度以及模式出现的时间角度来考虑,具有一定的合理性。但他并没有提出关于常用模式和新模式划分的明确标准,比较随意,所以不能反映模式的内在特点。

（4）曾戈军提出了"从融资和项目的建设方式两个角度出发进行研究"的观点,将 BOT、ABS、PPP、TOT 等都纳入融资模式的范畴,并且论述了融资模式与建设管理模式间的关系;同时指出,在项目建设方面,融资模式与其他模式并没有太大的改变。"融资模式"的提出不仅富有创新性,而且合理地界定了 BOT 这一类模式的归属,因此具备一定的科学性。不足的是,曾戈军将其他模式都归属为建设管理模式,这显得过于笼统,有待进一步细化。

（二）当前分类研究存在的主要问题

笔者通过分析研究,既肯定了各种分类方式的合理性,也指出了其中存在的问题。综上所述,当前的分类现状主要存在一些共性问题。

（1）目前的分类方式均不能将所有的具体模式纳入其中。纵观上述几种分类方式,不难发现,这一问题非常明显地存在于各种分类方式中,而某一分类方式也仅适用于部分具体模式。

（2）目前大部分的分类方式都只属于认识层面,缺乏有力的理论支撑。大部分研究者在提出分类方式的观点时,既没有提出明确的分类依据,也没有论述分类方式理论的缺乏对分类合理性造成的影响。

（3）工程项目管理的主体与覆盖阶段的理解不统一。姜早龙等分类的主要标准是工程项目管理公司是否直接与各施工承包商签订合同,这类学者将工程项目管理的范围局限在项目管理公司的角度。张守峰等则分别对国内外较成熟的承发包模式与项目管理方式进行分类，这类学者将项目管理的范围扩展到工程实施阶段，考虑了承包商与项目管理公司两方。曾戈军则是从融资角度与项目的建设方式两个角度对国际工程项目管理模式进行研究，将管理范围进一步扩大到前期的建设资金融资阶段。

三、工程项目管理模式的新分类方式

现有的分类方式尽管存在着一定的片面性，但也为新分类方式的形成提供了有益的借鉴经验。新分类方式通过采纳一些好的思路，尽可能避免了上述所提到的各类问题。

（一）新分类方式

经过分析研究，新的建设工程项目管理模式可分为三大类：承发包模式、管理服务模式和融资模式。其中承发包模式包括 DBB 模式、DB 模式、EPC 模式及 NC 模式[①]；管理服务模式包括 PM、CM、DM、PMC、MC、合伙模式及项目总控模式；融资模式包括公司融资、BOT 融资（BOOT、BT、BLT）、ABS、PPP 及 TOT 模式。

（二）关于分类的几点解释

相比现有的分类方式，新分类方式具有较强的容纳性，可以基本涵盖当前所有的具体模式。

1）业主角度的广义管理与狭义管理

广义的建设工程项目管理是指在工程项目建设过程中，对工程项目的各方面进行策划、组织、监测和控制，以实现工程项目建设目标；狭义的工程项目管理专指从事工程项目管理的企业受业主委托，按照合同约定，代表业主对工程项目的组织实施进行全过程或若干阶段的管理和服务，但不直接参与工程的建设。

2）关于新分类方式中三类模式的考虑

工程项目实施过程中的活动可以分为两类：一类是项目产品的创造过程，即实施活动，主要关注项目产品的特性、功能和质量；另一类是项目的管理过程，即管理活动，目的是提高项目实施工作的效率和效益，让项目更好地进行下去。质量、进度与成本称为工程项目控制的三大目标，这三者之间相互制约、相互影响，形成一个相互关联且对立的统一体，如果任何一方出了问题，都会影响三者关系的整体平衡，给项目带来不利影响。

就国际工程项目而言，为了更好地实现工程项目这三大目标，可根据其自身特性，将实施过程和管理过程区分开来，这非常关键。

关于融资管理模式，曾戈君有很好的论述，所以笔者直接采纳了该分类观点。他认为，只有当项目有融资需求时，才会采用融资管理模式，而在项目实施阶段，项目公司仍需承发包模式和管理服务模式来进行项目管理。

上述三种分类方式既相互独立，又有一定内在的必然联系——它们会通过一定的模式组合来满足业主对于建设工程项目管理的总体需要。

3）管理服务模式的分类

姜早龙将管理活动分为"提供项目管理服务"和"提供项目承包服务"两大类，这一分类观点是值得借鉴的。"项目承包服务"指的是这类服务合同中包含实施活动，但是管理服务者并

---

① 即终端服务模式（Terminal Service），简称 NC 模式。

不亲自实施这类活动,而是通过一定的承发包方式交由承包商来执行。值得注意的是,他关于"承包服务"的提法有待商榷。

在姜早龙的分类方式中,为了在强调"管理服务"模式的服务属性的同时体现上下级分类间的传承,他把"管理服务"作为组合名词使用,从中衍生出了"纯管理服务模式""管理服务承包模式""复合型管理服务模式"三个概念。

"纯管理服务模式"是指管理公司只与业主签订服务合同,不与承包商签订承发包合同的服务模式;"管理服务承包模式"是指管理公司不仅与业主签订服务合同,还与承包商签订承发包合同的服务模式;"复合型管理服务模式"是指前两种管理服务模式不再以单独的形式出现,而是"纯管理服务模式"和"复合型管理服务模式"共存,具有复合性。

概言之,姜早龙所提出的这一模式将合伙模式和项目总控模式这两种模式也纳入了分类体系,一定程度上提高了分类的容纳度。

4)代建制

代建制是一种中国本土化的项目管理模式名称。在该分类方式中,未提及代建制,是因为在代建单位、法律地位、工程实践层面还有一些疑问待解决,代建制的性质和实质仍需研究,难以简单归类。

2004年7月,国务院发布《国务院关于投资体制改革的决定》,对非经营性政府投资项目加快推行"代建制",即通过招标等方式,选择专业化的项目管理单位负责建设实施,严格控制项目投资质量和工期,工程验收后移交给使用单位。

代建人的法律地位是实施代建制的一个核心问题。实施代建制,是希望代建方成为建设期的项目法人,并承担法人责任。无论民事委托还是行政委托,委托人都必须对代建人的行为后果承担责任,是法定的责任主体。

《中华人民共和国建筑法》及国家基本建设程序中没有代建与代建人的法律地位。代建人不能以自己的名义办事,在办理建设委员会、环保、消防、规划等部门的相关行政审批手续时,代建人身份难以得到相关管理部门的认同。在工程实践中,代建企业的工作内容与PM管理承包商、PMC管理承包商基本相同,难以区分。基于以上几种原因,暂未将代建制列入分类研究范围。

四、我国铁路建设项目管理模式

目前,我国正处在经济体制转轨和经济增长方式转型的关键阶段。为了适应这两个转变,施工企业必须要研究建立适应社会主义市场经济体制的铁路建设项目管理模式。

(一)我国铁路建设项目管理模式

1)工程建设指挥管理模式

工程建设指挥部实际上是一个政府派出机构,主要依靠指挥部首长权威和行政手段来开展工作。因而在计划经济体制下,可以集中人力、财力和物力进行基本建设,确保铁路工程建设项目在较短的时间内完成。

2)铁路局托管模式

铁路局托管模式是指国家(铁道部)将铁路工程建设管理工作委托给铁路局负责的一种管理模式。这种管理模式主要适用于铁路局管辖范围之内的铁路新线建设,但对于跨局修建的长大铁路干线来说有一定的局限性。

3）工程建设总承包模式

工程建设总承包是指由具备工程总承包资质的总承包单位代替建设单位全面负责工程建设的组织管理工作，最终向建设单位"交钥匙"。如果说前两种管理模式是"甲方"对建设项目的管理，则该管理模式是一种"乙方"对建设项目的管理，与前述管理模式有着本质区别。

4）工程建设监理模式

工程建设监理是指由具有较高综合管理技术能力的人员组成的专业化、社会化的管理机构——工程建设监理单位，对工程建设的全过程或其中一部分实施监督和管理。其中心内容是对工程建设投资、进度和质量加以控制，以求提高工程建设管理水平和投资效益，达到预期的建设目的。这种管理模式是第三方对建设项目的管理。

（二）现阶段我国铁路建设项目管理模式

我国新线铁路的建设管理实际上采用的是工程建设指挥部与建设监理相结合的管理模式。当前，建筑市场运行机制不健全、铁路参建各方均存在行政隶属关系，故而实行工程建设指挥部模式来管理铁路建设是非常必要的，其不仅能有效地解决征地、拆迁等外部协调问题，还能在工程项目的控制方面发挥很大的作用。

（三）我国铁路建设项目管理目标模式

随着我国铁路管理体制的深化改革，铁路运输企业也在逐步建立现代企业制度。例如，按《中华人民共和国公司法》改组为铁路公司、实行项目法人责任制等。其中，项目法人责任制是指由项目法人全过程负责项目的策划、资金筹措、建设实施生产经营、债务偿还和资产的保值增值的制度。这样不仅可以使政企分开，而且可以分开投资的所有权与经营权，具有一定的优越性。

第三节　施工项目的分类

一、根据项目性质进行分类

（一）新建项目

新建项目是指根据我国近远期经济发展的规划，并以带动技术和经济发展为目的，按照标准程序进行立项，从无到有进行项目建设的工作。

（二）扩建项目

扩建项目是指企事业单位在现有基础上进行原场地或其他场地的扩建，目的是增加公司生产能力或推动公司经济增长效益。

（三）迁建项目

迁建项目是指现有的企事业单位根据以往的生产经验及公司的长远发展需求，参照国家生产力分配调整的更改策略；也指企事业单位根据国家保护环境或节省人力、物力资源的特殊要求，将原有的厂房或办公楼迁移到其他地方的施工项目。

（四）恢复项目

恢复项目是指原有的企事业单位在受到自然灾害和战争灾难等不可抗拒因素的破坏后，固定资产遭到部分或全部损失，需要重新投入资金进行场地建设和业务建设，以便恢复原有的生产能力及业务关系的工作。

（五）更新改造项目

更新改造项目是指企事业单位在原有设施和福利的基础上,对其中的某一部分进行技术创新改造而产生的固定资产变更,并配置一些相应的员工福利等项目,通常会涉及挖掘、环保、安全等工程。

二、根据投资作用进行分类

（一）生产作用投资建设项目

生产型建设项目是指以生产为主的生产施工项目或生产服务施工项目,主要由工业建设、农业建设、基础设施建设和商业建设四个部分构成。

（二）非生产作用投资建设项目

非生产作用投资建设项目是指满足人民精神文化及福利待遇需求的施工建设项目(或其他非生产线单位的建设),主要由办公建筑、住宅建筑、共用建筑和其他建筑四个部分构成。

三、根据施工项目的规模大小进行分类

（一）划分项目等级应遵循的原则

划分建筑项目等级时,应按照被批准的可行性确认报告中决定的建筑设计和投资金额的多少进行分类。若该建筑项目仅生产某种单一产品,则通常按该产品的生产能力分类;若以建筑项目生产的是多种产品,则先选取其中最主要的产品,再以它的生产总能力分类;若该建筑项目的产品总量较多且不易于区分,并很难根据某种产品的总生产能力分类时,则一般会根据企业总投资额进行分类。

分类管理更新改造建筑项目时,通常会以投资额作为衡量标准,将建筑项目分为限额以上及限额以下,不按照生产设计能力来分类。除了以上几种方式,对于建筑项目规模的分类还应根据当时的经济状况和具体要求做出细微的调整。

（二）国家在建筑项目分类中的有关规定

根据国家颁发的《大中小型建设项目划分标准》,凡是生产型建筑项目中和自然能源、交通有关的项目,且总投资额度超过5 000万元人民币以上,均被归类为大型施工项目;生产型建筑项目中的其他项目和非生产型建筑项目,投资额度达到3 000万元人民币以上,即可被归类为大型建筑项目。

若按照企业的设计生产能力或经济效益来对建筑项目进行分类,则需要参照各行各业中的具体标准。对于更新改造项目的分类管理来说,只能按照投资额度标准来进行分类,能源、交通方面的项目投资额度需要超过5 000万元,其他项目投资额度应超过3 000万元。预算额度以下的项目,被归类于小型建筑工程项目。

四、根据行业性质进行分类

根据建筑工程项目在市场上的份额、社会经济效益和企业特性等要素,可以将建筑项目分为竞争性项目、基础性项目和公益性项目三类。

竞争性项目指的是一些投资小、效益高的建筑项目,由于这类项目往往都以企业为核心投资主体,并且所有风险都由企业自行承担,因此市场竞争力较强。

基础性项目指的是施工生命周期长、投资效益低的基础建筑工程项目,这类建筑工程项目通常需要得到政府部门的支持才能开展,因为它们的开展很大程度上可以带动国家经济增长,是国家支柱型产业。

　　公益性项目指的是科学文化、医疗保险、运动设施等项目以及法院、检察院等政府机关的建筑工程。

第二章

施工项目管理团队建设

　　我国建筑工程项目经理部指的是采用项目经理负责制的团队组织体系。项目经理直接对客户、公司（或股东）、团队员工及社会负责。项目团队指技术组员、施工组员、安全员、质检员、财务人员等项目所需的、直接由项目经理组建和领导的人员；项目经理既是团队成员的领导核心，也是团队的成员。因此，研究出适合我国国情和项目具体实际的团队组织方式，将有助于加强团队组织的建设和管理，采取适当的团队建设方法，增强团队的凝聚力，提高团队的工作效率，从而实现项目建设经济效益和社会效益的双丰收。

第一节　项目团队的概念

　　在日趋激烈的建筑市场竞争中，需要施工企业不断提高自己的管理水平，加强施工项目的团队建设。本节主要介绍项目团队的概念，并深入分析了项目团队的建设意义。

　　团队是由为数不多的、相互之间技能互补的、具有共同信念和价值观的、愿意为共同目的奋斗的成员们组成的群体。按团队的功能划分，有产品开发团队、项目团队、管理团队、质量提高团队、服务团队和生产团队等；按团队的存在时间划分，有临时团队和固定团队；按跨越组织的边界划分，有企业内团队和企业间团队；按团队成员的多样化划分，有同质团队和异质团队。

　　项目团队主要有以下几个特点：

　　（1）项目团队的成员一般来自不同的职能部门，可以实现技能互补。

　　（2）项目团队具有一个明确的项目任务目标，并且成员会为此付诸努力。

　　（3）项目团队具有团队的特征属性，即成员间通过沟通、信任和责任产生群体协作效应，从而取得比个体成员绩效总和更大的团队绩效。

　　（4）项目团队所要解决的问题有产品的研制、新服务项目和软件的开发、管理咨询项目和工程施工项目的建立等。

　　（5）项目团队因项目而存在，因任务的结束而终结。

　　由此，笔者给项目团队的定义是：项目团队由一群来自不同职能部门、彼此技能互补并能为一个明确的项目任务目标的实现共同努力的成员构成，并且在成员之间的交流与信任之下会产生团队合作效果，从而实现高于个体队员绩效总和的团队绩效。在通常情况下，项目团队都是临时性团队，会随着项目任务的完成而解散。

第二节 项目团队的人员配置

在项目管理中,人员的选择和配置对项目的成败至关重要,本节主要介绍了施工项目中人员的配备标准、任职条件及主要职责。

一、施工项目部门关键岗位人员的配备标准

在施工项目管理过程中,施工项目部门关键岗位人员的配备标准如表2-1所示。

表2-1 施工项目部门关键岗位人员的配备标准

工程类别	工程规模	总人数	岗位及人数	备注
建筑工程	建筑面积≤10 000 m²	5	项目负责人1人、项目技术负责人1人、施工员1人、安全员1人、质量员1人	(1) 建筑面积小于2 000 m² 的工程,岗位人员总人数可减少至3人,即项目负责人1人、施工员1人、安全员1人,其他岗位可兼任; (2) 建筑面积小于5 000 m² 的工程,质量员可由技术负责人兼任
	10 000 m²＜建筑面积≤30 000 m²	6	项目负责人1人、项目技术负责人1人、施工员1人、安全员2人、质量员1人	—
	30 000 m²＜建筑面积≤50 000 m²	7	项目负责人1人、项目技术负责人1人、施工员2人、安全员2人、质量员1人	
	建筑面积＞50 000 m²	10	项目负责人1人、项目技术负责人1人、施工员3人、安全员3人、质量员2人	(1) 工业、民用与公共建筑每增加50 000 m²,施工员、安全员、质量员应各增加1人; (2) 住宅小区或其他建筑群体工程每增加100 000 m²,施工员、安全员、质量员应各增加1人; (3) 单栋高度150 m 及以上的超高层工程,每增加100 000 m²,施工员、安全员、质量员应各增加1人
市政及其他工程	工程合同价＜5 000万元	5	项目负责人1人、项目技术负责人1人、施工员1人、安全员1人、质量员1人	造价低于500万元的工程,岗位人员总人数可减少至3人,即项目负责人1人、施工员1人、安全员1人,其他岗位可兼任

（续表）

工程类别	工程规模	总人数	岗位及人数	备注
市政及其他工程	5 000 万元＜工程合同价≤1 亿元	7	项目负责人 1 人、项目技术负责人 1 人、施工员 2 人、安全员 2 人、质量员 1 人	城市桥梁、地下交通中的隧道工程、轻轨交通中的桥涵工程应适当增加施工员、质量员和安全员的人数
	工程合同价＞1 亿元	10	项目负责人 1 人、项目技术负责人 1 人、施工员 3 人、安全员 3 人、质量员 2 人	（1）工程合同价在 1 亿元以上时，每增加 5 000 万元，施工员、安全员、质量员各增加 1 人； （2）城市桥梁、地下交通中的隧道工程、轻轨交通中的桥涵工程应适当增加施工员、质量员、安全员的人数

二、施工项目部门关键岗位人员的任职条件及主要职责

（一）项目负责人

1）任职条件

（1）取得相应的建造师注册证书。

（2）取得省级住房和城乡建设主管部门颁发的项目负责人安全生产考核合格证。

2）主要职责

（1）主持项目经理部工作，代表企业实施施工项目管理，贯彻落实国家法律、法规、方针、政策和强制性标准，执行企业的管理制度，维护企业的合法权益。

（2）执行企业对项目下达的各项管理目标和规定任务。

（3）组织编制项目管理实施规划和各项管理制度。

（4）对进入现场的施工人员、施工机具、建筑材料等生产要素进行优化配置和动态管理，突出抓好对项目关键岗位人员和特种作业人员的到岗履职管理。

（5）建立质量管理体系和安全体系，要按照《施工企业安全生产评价标准》（JCJ/T 77—2010）、《建筑施工安全检查标准》（JGJ/T 59—99）、《工程建设施工企业质量管理规范》（GB/T 50430—2007）等指导性标准实施标准化工作，对现场实行文明施工管理，察觉并处理突发事件。

（6）按照中华人民共和国住房和城乡建设部关于印发《建筑施工项目经理质量安全责任十项规定（试行）》通知的要求，落实质量安全责任。

（7）在授权范围内负责与企业管理层、劳务作业层、各协作单位、发包人、分包人、监理工程师以及业主等的协调和过程控制，解决项目在施工过程中出现的问题。

（8）参与工程竣工验收，准备结算资料和分析总结，接受审计。

（9）处理项目部门的善后工作。

（10）协助企业进行项目的检查、鉴定和评奖申报。

（二）项目技术负责人

1）任职条件

（1）一级工程的项目技术负责人应具有大专及以上学历，拥有与工程项目相适应专业的高级职称，并从事 8 年以上的相关专业技术管理工作。

（2）二级工程的项目技术负责人应具有大专及以上学历，拥有与工程项目相适应专业的中级职称，并从事 5 年以上的相关专业技术管理工作。

（3）三级工程的项目技术负责人应具有中专及以上学历，拥有与工程项目相适应专业的助理工程师职称，并从事 5 年以上的相关专业技术管理工作。

（4）建筑施工企业需根据项目规模大小、复杂程度以及专业要求确定其他条件。

2）主要职责

（1）主持项目的技术管理工作。

（2）主持制订项目技术管理工作计划。

（3）按规定查验和接收加盖施工图审查专用章的设计图纸，参加图纸会审和设计交底，并对结果进行确认。

（4）组织有关人员熟悉并审查图纸，主持编制项目管理实施规划的施工方案，组织落实项目的实施工作。

（5）负责技术交底。

（6）组织做好测量及核定工作。

（7）指导质量检验和试验。

（8）具体组织编制和报审施工组织设计、重大危险源识别和控制方案、专项施工方案，审核作业指导书并组织项目的实施，在有分包单位的情况下负责督促落实分包单位的相应工作。

（9）参加工程验收，处理质量安全问题。

（10）组织各项技术资料的签证、收集、整理和归档。

（11）组织技术学习、交流技术经验。

（12）组织进行技术攻关。

（三）施工员

1）任职条件

取得省级住房和城乡建设主管部门颁发的施工员岗位资格证书。

2）主要职责

（1）严格按国家有关标准、规范、规程、施工组织设计要求、关键和特殊工序作业指导书、设计图纸、图纸会审纪要以及设计变更和技术核定组织施工。

（2）组织有关班组熟悉施工图纸，对班组操作人员进行技术、质量及关键、特殊工序和安全交底，按照施工组织设计安排好工序搭接，做好工序交接记录，努力完成进度计划。

（3）参与制订劳务管理计划，参与组建项目劳务管理机构，制定劳务管理制度，合理安排劳动组合，及时做好工程施工记录、隐蔽工程记录和签证，逐日填写施工日志。

（4）负责或监督劳务人员进出场及用工管理，负责审核劳务人员的身份和资格，参与劳务分包合同的签订，对劳务队伍现场施工管理情况进行考核评价，科学安排各专业的配套作业和各工种之间的立体交叉作业。

（5）负责劳务结算资料的收集整理、参与劳务费的结算，参与或监督劳务人员工资支付、负责劳务人员工资公示及台账的建立，参与编制、实施劳务纠纷应急预案，参与调解、处理劳务纠纷和工伤事故的善后工作。

（6）负责编制劳务队伍和劳务人员管理资料，负责汇总、整理、移交劳务管理资料。

（7）做好施工现场管理，做到文明施工，保持场地整洁、材料堆放整齐有序。

（四）安全员

1）任职条件

取得省级住房和城乡建设主管部门颁发的专职安全员安全生产考核合格证。

2）主要职责

（1）在施工前，根据工程项目的特点，依照项目重大危险源识别和控制方案及安全专项施工方案，向项目部门提出重要环节、重点部位的安全生产防范建议。

（2）在施工过程中，必须到现场跟踪巡查，定期查验特种作业人员持有效证件上岗情况以及人员、证件与单位相符情况，确认施工现场与专项施工方案相符情况。

（3）加强对分包单位的安全管理，检查分包单位人员持有效证件上岗履职以及专项施工方案编制与执行情况。

（4）严格施工全过程的安全控制，加强对施工现场重大危险源的监控管理，并按规范做好安全记录，建立隐患台账。

（5）加强对施工现场的检查，及时制止违章指挥和违章操作行为，及时发现、纠正、督促整改安全隐患，并报告给项目负责人处理。

（6）认真落实、组织、整改建设管理部门及其安监机构，以及现场监理部、施工企业在各类检查中发现的安全生产问题。

（7）及时向企业安全管理机构报告项目部门的安全生产情况。

（8）参与起重机械设备管理的安全员还应履行机械员的职责。

（五）质量员

1）任职条件

取得省级住房和城乡建设主管部门颁发的质量员岗位资格证书。

2）主要职责

（1）按照设计图纸、施工设计、项目质量计划、设计变更、技术核定及国家颁发的现行规范、规程和标准，全面、认真地进行质量检查。

（2）抓好质量教育，及时遏制质量事故的苗头，对突发的重大质量事故要及时报告上级或有关部门，并配合做好处理工作。

（3）参加施工组织设计、施工方案的会审，监督工程质量和文明施工等措施的实施，做好质量记录。

（4）参加质量回访，受理用户投诉，及时向主管部门传达不合格信息，并会同技术负责人、施工员等进行评审处理。

（5）负责与分包工程的工序交接，监控原材料、半成品和工程配套设备的检验与试验。

（6）负责检验分批、分部、分项工程质量评定的核定检查，及时向主管部门传达信息，并做好相关的质量记录。

（六）标准员

1）任职条件

取得省级住房和城乡建设主管部门颁发的标准员岗位资格证书。

2）主要职责

（1）参与施工图会审及施工组织设计、专项施工方案的编制。

（2）负责确定建筑工程项目应执行的工程建设标准和建筑施工安全标准规范，并配置有效版本的标准，组织学习标准。

（3）制定工程建设标准，制订建筑施工安全标准规范实施计划和措施，并组织交底。

（4）监督施工作业过程中对工程建设标准、建筑施工安全标准规范的实施，对执行不到位的部分应向项目部提出纠正措施。

（5）协助质量和生产安全事故的调查、分析，找出措施中的不足，用标准、规范解决问题。

（6）负责收集工程建设标准和建筑施工安全标准规范的执行记录，评价实施效果。

（七）机械员

1）任职条件

取得省级住房和城乡建设主管部门颁发的机械员岗位资格证书。

2）主要职责

（1）认真执行国家和施工企业有关施工机具管理方面的方针、政策和规章制度。

（2）落实建筑起重机械备案和使用的登记工作，负责建设主管部门及其安监机构的安装（拆卸）告知制度。

（3）负责现场临时用电及起重机械设备的管理、安装（拆卸）、使用、维护和保养，加强对安拆单位和安拆人员、特种作业人员的管理，加大力度管制起重机械设备基础施工、安装、顶升加节、拆卸等重点环节，建立起重机械设备及临时用电管理台账。

（4）根据生产进度，熟悉和掌握机械设备的分布和技术状况，参与设备事故的分析处理工作，并按规定及时上报。

（5）负责设备的交接验收、清点、调运巡回检查以及报废设备的鉴定等工作。

（6）定期向企业主管部门和主管领导汇报设备管理、保养和技术状况，并提出整改意见。

（八）材料员

1）任职条件

取得省级住房和城乡建设主管部门颁发的材料员岗位资格证书。

2）主要职责

（1）认真贯彻落实国家有关法规、标准、规范、规程和企业各项技术的管理制度。

（2）掌握工程施工设计图所要求的原材料、半成品、混凝土、砂浆以及冬雨季施工措施中确定掺入的外加剂情况，遵循工程所需的建筑材料及工程检验与试验计划，按照国家标准、规范、规程规定的批量要求及取样方法邀请监理部门见证取样，填写好检验、试验委托单并及时取回检验报告，交给相关部门，同时对使用情况、使用部门进行跟踪检查，认真填写质量记录。

（3）根据工程进度，及时做好混凝土强度、混凝土抗渗、砂浆试件检查，并放置在施工现场标准养护室养护，每天做好标准养护室温度和湿度的控制及记录，对于混凝土同条件养护试件及拆模试件应放置于构件同一地点，同条件养护，并准确记录所做试件的工程部位。

（4）定期检查计量器具和检测设备是否满足使用要求，通过自检或有关部门检定，及时调换不符合标准要求的计量器具和检测设备。

（5）及时准确地填写好原材料、半成品、混凝土和砂浆等的试验与检测记录。

（九）资料员

1）任职条件

取得省级住房和城乡建设主管部门颁发的资料员岗位资格证书。

2）主要职责

（1）协助制订施工资料管理计划，制定管理规章制度。

（2）负责建立施工资料收集台账，进行施工资料交底。

（3）负责施工资料的收集、审查、整理、立卷、归档、封存和安全保密工作；负责竣工图和竣工验收资料的收集、整理、立卷、归档、封存与安全保密工作。

（4）负责提供管理数据和信息资料。

（5）负责施工资料、竣工图及竣工验收资料的验收与移交。

（6）协助建立施工信息管理系统，负责施工信息管理系统的运用、服务和管理。

第三节 项目团队的管理建设

团队成员从事的岗位不同，价值的体现形式也不同。因此，设置合理、公平、公正的绩效考核与奖励机制，可以有效保证团队的良性发展，增强团队的凝聚力。本节介绍了施工项目团队的管理建设。

一、项目团队的绩效管理

绩效考核机制主要指对成员绩效的考察行为，而绩效则是团队成员在工作过程中付出和最终产出的总和。

完成委派的任务后，成员往往都会非常期待评价。评价有正向和负向之分，包括表扬、提醒、批评和处罚等。其中，表扬和批评应保证公开、公正，以起到鼓励先进、鞭策后进的作用。同时，对于工作中出现过失或因事先没有约定造成问题的员工，应优先考虑提醒，并在确保提醒隐蔽性的前提下，让成员知道错误和后果且承诺不再犯错。

绩效考核的存在尽管会导致团队内部竞争的产生，但在团队内部引入竞争机制，将有利于打破另一种形式的"大锅饭"。也就是说，团队内部竞争可以提高团队成员的工作热情与创造能力。

（一）团队绩效考核的目的

团队绩效考核与其他绩效考核一样，主要有三个目的。

1）管理目的

在团队管理中，团队绩效考核主要用于薪酬管理、职位晋升、岗位调动、保留或淘汰、对个人绩效的承认、对绩效目标和行动计划的修正等方面。

团队绩效考核的信息不仅能为团队的薪酬管理提供依据，还能反映团队实际项目的业绩情况，是决定团队整体奖励额度的主要依据。

个人绩效的考核情况是个人奖励的发放与个人基本工资调整的依据,可以为团队领导和团队成员的晋升、调动提供信息。

团队绩效考核可以为团队组织留住优秀人员、淘汰不合格人员提供管理信息。

团队绩效考核的结果是对成员个人绩效的承认。

团队绩效考核可以修正绩效目标或行动计划的不合理之处,使绩效目标或行动计划更加切合实际。

2)开发目的

团队绩效考核的一个重要目的就是进一步开发团队成员的能力,从而使他们更加有效地完成工作。管理者通过团队绩效考核,可以及时了解团队成员在工作上的弱点和不足,从而帮助他们找出原因并提出建设性意见。

3)激励目的

团队绩效考核的另一目的是实现团队激励,激发成员的积极性和主动性,增强团队的凝聚力和战斗力。

(二)团队绩效考核的具体方式

1)以项目产出与项目业绩为导向的考评

对于团队来说,团队绩效考核主要是考核项目完成的及时性、项目质量、项目目标实现的程度、技术实现和创新、项目的成本与收益以及客户和使用者的满意度等方面的指标;对于成员来说,团队绩效考核主要是考核子任务的完成质量、任务完成的及时性、目标实现的成本、任务创新、客户的满意度等方面的指标。

2)以过程为导向的考评

以过程为导向的考评,是指对项目团队运作过程中员工行为的评价和考核。对于团队来说,考核内容主要有解决和处理问题的能力,解决和处理冲突的能力,团队信任度,团队授权、协作、学习、建设、沟通与协调能力、知识与信息的共享度、项目任务完成情况等;对于成员来说,考核内容主要有问题解决的及时性、与他人知识与信息的共享度、团队能力、项目参与度、沟通与协调能力、与他人的人际关系、与客户的沟通能力、解决冲突的能力等。

3)复合型考评

复合型考评是将过程导向和结果导向结合起来的一种考评。在考评过程中,它能同时兼顾过程导向和结果导向的考核要素,以确保测评结果的客观性与公正性。采用复合型考评既能满足项目团队以结果导向考核团队绩效的目的,又能以透过胜任力为基础的过程考核来为团队成员的后续发展提供指导。

(三)团队绩效考核方案设计

团队绩效考核主要包括团队成员的绩效考核、项目经理的绩效考核以及项目团队的整体绩效考核三个方面。

1)团队成员的绩效考核

对于团队成员的绩效考核而言,"360度考核法"(也称全方位考核法)是比较可行的考评方式。它一般通过成员的自评、团队成员的互评、团队领导的评价、客户的评价以及其他部门人员的评价等方面来实现。但由于成本、时间、全面性和公正度等原因,客户的评价以及其他部门人员的评价这两个方面是不可以频繁进行的。因此,对团队成员的绩效考核,通常采用的方式是将成员的自评、团队成员的互评和团队领导的评价三方面综合起来,同时适当参考客户的评价。

在团队管理结构中,要评估职能成员在某一项目中的绩效,一般会用到五种方法。

(1) 团队领导准备一份机密的书面评估报告,并提供给职能经理。

(2) 团队领导准备一个可公开的评估意见,并提供给职能经理。

(3) 团队领导向职能经理提供员工绩效的口头评估。

(4) 团队领导作出全面评估后单独将结果告知职能经理。

(5) 职能经理和团队领导通过沟通来评估所有成员。

2) 项目经理的绩效考核

组织往往会通过商业绩效和管理绩效两个方面对项目经理进行绩效考核。商业绩效的衡量包括利润、余额分配、投资回报、新的商业机会、及时交付情况、是否满足合同要求和预算内绩效等方面;管理绩效的衡量包括综合项目管理效力、组织能力、方向决断、领导水平和团队绩效等方面。

项目经理的绩效考核由自评、下属评价、客户评价和总经理评价四个方面构成。其中,客户评价可以参考与项目相关客户、使用者等群体的评价,来获取项目经理更全面、客观的评价。该项工作的调查一般都由组织的总经理或领导层来承担。

3) 项目团队的整体绩效考核

项目团队的整体绩效考核主要由项目经理的评价和组织评价两个方面构成。项目经理的评价是项目团队的整体绩效考核的重要依据,通常由对最熟悉项目运作的项目经理以报告的形式向组织递交项目过程中和项目完工后的相关资料;组织评价是一个非常重要的环节,可以更清楚地反映出组织内各个项目的完成情况以及项目团队的绩效情况,从而为奖金等激励方式提供依据。

(四) 绩效考核中应注意的问题

1) 绩效考核应突出以客户为导向的竞争战略

20 世纪 80 年代可以说是提高产品质量的时代,而 20 世纪 90 年代则是提高客户满意度的时代。在这样的背景下,绩效指标体系由以质量为中心的战略转变成了以客户服务为中心的战略。加上许多团队项目都是以客户为基础产生和存在的,因此强调以客户为导向的竞争战略显得非常重要。

2) 绩效测评体系要帮助团队实现效率最大化

要实现这一目标,就要做到两个方面的内容。一方面,高层领导要明确绩效测评体系应服务于团队而不是自身,所以要为团队创造战略环境,以确保每个团队都能做到工作与战略目标相配合,同时还要提供必要的培训,来确保团队能设计出适合自身的绩效测评体系;另一方面,团队得到真正的授权后,要在设计自身的绩效测评体系时发挥主导作用。

3) 团队绩效考核体系应公开并得到团队成员的认同

为了体现团队绩效考核体系的公平性和公正性,必须让团队成员充分了解与之相关的考核方法和考核标准,以便让其更容易对考核程序和考核方法产生认同感。团队绩效考核体系只有得到全部成员的认同,才能体现团队考核的透明度和公开度,从而增强团队内部的信任度和凝聚力,调动成员的积极性,挖掘团队的最大潜力,以实现团队的长远发展。

4) 团队绩效考核结果应及时反馈

团队绩效考核的最终目的是提高团队绩效。因此,及时向成员反馈绩效考核结果是必要的。通过反馈,成员可以更了解自己在工作中的优缺点,如哪些方面做得较好、哪些方面需要改进、哪些知识技能需要掌握等,从而更加明白未来工作的努力方向。

5)加强对项目后期审计的重视

项目后期审计是对项目管理工作的全面检查,主要包括三大任务。第一,评价项目是否给所有股东带来了期望收益、项目管理是否良好、客户是否满意;第二,分析工作中错误的做法和获得成功的做法;第三,检查审计项目的实施现状,确认其是否按照项目计划完成工作,识别并确认项目所发生的变化,以促进未来项目的交付。

二、项目团队的激励管理

项目团队成员的激励管理既是勉励团队成员共同向同一团队目标与方向努力的调节手段,也是项目人力资源管理的重要内容,可以激发团队成员工作的积极性与创造性。马斯洛认为:所有人类行为都具有一定的动机性,不存在无目标导向的人类行为,而人的动机多起源于人的需求欲望,一种没有得到满足的需求是激发动机的起点,同时也是提高项目团队成员工作效能的能动性源泉。

项目团队的激励管理可采用物质奖励、精神激励、榜样激励、综合激励、成就激励、挫折激励和激励强化等多种方式。但在具体实施某个项目的过程中,项目团队管理者需根据不同类型、不同时间以及不同需求来选择合适的方式去奖励成员,以真正达到激励的目的。

(一)团队激励原则

1)激励的有效性

采用激励措施和手段时,只有保证其有效性,才能激励团队成员的积极性和主动性,充分挖掘成员的各种潜能,使每个成员的个人能力都能得到充分的发挥。同时,还能减少成员间的冲突和摩擦,从而增强成员对团队和项目投入的信心。

2)激励的公平性

团队激励的措施、手段和力度不仅要体现团队对组织的贡献,还要体现出成员个人对团队和组织的贡献:前者是指团队激励的外部公平性,即确保团队的贡献在组织中能得到相应的回报;后者是指团队激励的内部公平性,即成员不同程度的贡献都能得到承认,并且得到相应的回报。

3)激励的时效性

团队激励要注意时效性。如果成员在圆满完成一项重要工作后,管理者能及时地给予表扬和激励,成员就会感觉到被重视;而一旦这种表扬和激励滞后,所产生的效果就会大打折扣。

4)注重正面激励,避免负面激励

对于取得成绩的成员,团队领导应给予表扬和正面的奖励,以强化良好的团队行为,并鼓励其他成员向其学习;对于发生失误或犯错的成员,团队领导要有一定的容错能力,避免用消极的方式进行督促。

(二)团队激励方式

团队和组织常用的团队激励方式除了上文所提到的授权激励、培训激励、知识与信息的共享、团队信任等,还包括目标激励、强化激励、尊重激励和工作丰富化激励这四种方式。

1)目标激励

目标激励,实际上是"成就激励理论"和"目标设定理论"在团队中的应用,即通过设置一些具有挑战性的工作目标来激励团队成员。当目标实现时,团队成员的成就欲望就可以实现;当目标达到甚至超越目标时,团队成员就会产生一种胜任感和满足感。

2)强化激励

在上文中,笔者提到过"注重正面激励,避免负面激励"这一原则。实际上,该原则也是对团队绩效有利行为的一种强化,即在给成员提供各种有利于团队绩效行为鼓励的信息的同时,也在避免可能会损害团队绩效的不良行为。要真正实现强化激励,就必须对各种有利于团队绩效的行为及时地给予表扬和物质奖励。

3)尊重激励

在团队项目合作中,尊重每个成员非常重要。团队尊重成员个人,就意味着尊重其个人行为和工作成果,也是重视其提出的意见和建议的体现。这不仅有助于增强成员的团队归属感,提高工作积极性,还能增加成员对团队各项任务的投入。

4)工作丰富化激励

工作丰富化指纵向上工作的深化,是工作内容和责任层次上的改变,意味着成员对更大范围工作的控制、更多的技能、更多的自主性以及更重要的意义,这些都有助于个人和团队对工作结果的改善(如高的个人绩效和团队绩效、高的个人工作满意度、低缺席率和流动率等)。

(三)避免团队中的"搭便车"行为

要减少或避免"搭便车"的行为,就要做到以下三点。

1)要加强团队的内部监督

这是因为外部监督往往会让团队成员认为是组织和团队领导不信任自身的表现,从而产生负面的工作情绪。

2)高效利用团队的内部监督

可以采用成员相互监督的方法,并根据团队绩效产生的效益对其进行再分配,从而让成员产生相互监督的动力。笔者认为,为了使内部监督更加有效,每个团队的规模不宜过大,5～7人是比较合适的。在这一范围内,管理者可以更清楚地明确成员对项目所做贡献的大小,在为评判成员是否有"搭便车"行为的同时,还能为制定和实施团队奖惩机制奠定基础。

3)树立团队内部的良性竞争机制

让成员个人感受到危机意识,从而提高成员个人的工作积极性和主动性。

三、项目团队的冲突管理

冲突是指一部分个人、团队、组织通过限制或阻止另一部分个人、团队、组织,达到其预期目标的行为。在项目运行过程中,冲突是常态化的存在。因此,如果只是单纯地试图避免或压制冲突,则难免会进一步恶化冲突,导致工作效率的严重下降。对此,组织和团队领导必须要认识到冲突的两面性,即积极性和消极性:只有有效地解决冲突,才能改善团队的建设和项目的状况;如果解决不当,则可能会给项目埋下隐患或让整个团队处于混乱状态,最终导致团队解散、项目失败。

解决项目冲突的方式主要有建立完善的解决冲突的方针与管理程序,冲突双方成员直接沟通协调、解决矛盾,利用会议解决冲突。其中,所有解决项目冲突的方式都离不开沟通。沟通有很多表现形式,如口头沟通、书面沟通、正式沟通、非正式沟通等。

（一）冲突的含义和类型

1）冲突的含义

斯蒂芬·P.罗宾斯（Stephen P. Robbins）认为，冲突是一种过程，这种过程肇始于一方感觉到另一方对自己关心的事情产生消极影响或将要产生消极影响。

詹姆斯·A.沃尔（James A. Wall）和小罗达·罗伯茨·卡利斯特（Ronda Roberts Callister）认为，冲突是一方感觉到他的利益与另一方相反或受到另一方消极影响的一个过程。

廖泉文教授认为，冲突是由互不兼容的目标、认识、感情引起的对立或敌对的状态。

李春苗认为，冲突是一个过程，是指对立双方在目标、观念及行为期望上，知觉不一致时所产生的一种分歧或矛盾。

从这几个定义可以看出，大部分研究者都倾向把冲突作为一种过程来看待。在这个过程中，冲突是由双方在目标、情感、观念、期望以及利益等方面的不一致导致的。因此，笔者认为，团队冲突是团队成员之间、成员与团队之间以及团队与组织之间，由于目标、观念、价值观、情感和利益等方面的对立或分歧所引发的一个过程。

2）冲突的类型

（1）按冲突的性质，可分为任务冲突和关系冲突。任务冲突是以任务为导向的冲突，指团队成员对所进行的任务问题没有达成一致意见而形成的差异，包括观点、想法、目标、关键决策、过程和合适的行动选择等；关系冲突是以人际关系为导向的冲突，指团队成员间的人际对立或抵触，包括紧张、敌意、烦恼等。

（2）按冲突的范围，可分为团队内部冲突和团队外部冲突。团队内部冲突指团队内部成员因认识、任务分配、决策、沟通不足、不信任等原因所引起的矛盾和问题，可能是任务冲突，也可能是关系冲突；团队外部冲突指由于资源的竞争、目标的分歧、认识的分歧、与团队外部和顾客的沟通不足等原因，团队成员在进行团队任务工作时与团队外部之间产生的矛盾和问题，包括不同团队间的冲突、团队与组织之间的冲突、团队与客户之间的冲突等。

（二）冲突的原因

分析产生团队冲突的原因，可以从团队成员个体特征、团队要素、团队环境和项目任务要素四个方面进行讨论。

1）团队成员个体特征

团队成员个体特征主要包括人格、价值观、目标、对团队任务的投入、压力、对自主权力的需求等。其中，人格的差异更容易导致冲突的产生。另外，价值观的冲突也是导致成员个体间冲突的重要原因之一，影响因素包括家庭文化熏陶、地域文化特征、所属民族的文化特征等。

目标差异也是直接导致成员间产生冲突的重要原因。在工作过程中，由于成员的个人目标与他人（团队）目标存在偏差，因此成员难免会因为对任务理解的分歧以及利益等产生冲突。

成员对自主权力的需求也是可能产生冲突的原因之一。对此，团队领导就要做好授权工作，尊重和重视每个成员的能力，增加成员参与团队任务工作的激情。

2）团队要素

导致冲突产生的团队要素主要从沟通、团队行为、团队结构和以前的互动经历这四个方面考虑。

（1）沟通。沟通对项目团队来说非常重要，成员只有通过沟通，才能达成对团队任务和团队目标的共识,进一步认识彼此并加深友谊;相反,缺少沟通,只会让团队成员间由于认识不深而更容易产生误解,彼此不信任,引发冲突。

（2）团队行为。对此,团队必须特别予以关注。因为这可能会破坏之前在成员间所建立起来的信任气氛,降低团队内部的凝聚力。因此,必须要充分调动团队智慧来寻找解决途径,以实现团队项目的有效完成度,提高团队的整体有效性。

（3）团队结构。在团队结构中,影响冲突的因素主要体现在权利平衡和相互间依赖性两个方面。当成员的付出与所得不对称或利益分配不公平时,就会打击成员的积极性,降低成员的满意度,不利于团队的运作;加强依赖性可促进团队成员相互协作的频率,增强成员间的信任,减少冲突。

（4）以前的互动经历。对同一组织的团队来说,其成员间通常都会有一起共事的经历,当团队成员间发生冲突时,就会破坏双方的关系,从而妨碍合作。

3）团队环境

影响冲突的团队环境要素主要有组织文化和组织支持两点。

（1）组织文化。组织文化的熏陶,能使团队成员逐渐接受企业的价值观,并融入企业环境中。除此之外,它也会影响成员间的信任度。

（2）组织支持。当组织能为团队提供全面的人、财、物和制度的支持时,团队项目会顺利开展,从而进一步提高团队成员的满意度。

4）项目任务要素

从项目任务角度看,团队冲突主要来源于工作内容、资源分配、进度计划和费用等方面。

（1）工作内容。具体表现为成员在实际项目的工作过程中,在完成工作方法、工作量、工作标准等方面存在的不同意见。

（2）资源分配。即成员因所被分配资源的数量多少而产生的矛盾。

（3）进度计划。团队成员可能会对完成工作的次序（流程）及完成工作流程所需时间的长短意见不一致而产生冲突。

（4）费用。这一类型的冲突大多体现在项目筹备期,在团队与组织间或团队与客户间处理费用过程中产生,属于团队外部冲突。

（三）冲突对项目团队有效性的影响

冲突对项目团队有效性的影响可以从团队绩效和个人绩效、个体满意度、工作任务投入和团队管理过程等四个方面进行分析。

1）冲突对团队绩效和个人绩效的影响

耶恩（Jehn）和曼尼克斯（Mannix）认为,关系冲突对个人绩效和团队绩效是有害的,而任务冲突则对个人绩效和团队绩效是有利的,因为在发生关系冲突的团队中,其成员将精力用于应付各种关系,而不是把精力放在完成任务上。他们把任务冲突细化为日常性任务冲突（routine task conflict）和非日常性任务冲突（nonroutine task conflict）,而这两个冲突对团队绩效和个人绩效的影响呈曲线关系。

阿玛逊（Amason）认为,高水平的认识冲突将导致高质量的决策,而高水平的感情冲突将导致低质量的决策。

佩利特（Pelled）、艾森哈特（Eisenhardt）和辛（Xin）的研究认为,任务冲突正相关于工作团队的任务绩效,而感情冲突则对工作团队的任务绩效有负面的、消极的影响。

德勒(Dreu)和维亚宁(Vianen)的研究认为,当主动地管理团队任务冲突时,任务冲突与团队绩效存在正相关关系;当被动地管理团队任务冲突时,任务冲突与团队绩效存在负相关关系。

波特(Porter)和利利(Lilly)发现,任务冲突对项目团队绩效存在负面影响,随着任务进程的有效管理,这种负面影响将会减弱。

2) 冲突对个体满意度的影响

冲突对个体满意度的影响是明显的。冲突如果不能得到很好的管理,就会使团队成员的情绪受到负面影响,从而降低他们对团队的满意度,不会产生积极作用。采取成员认可的行为,可以使任务冲突有助于个体满意度的提高。

3) 冲突对工作任务投入的影响

冲突容易导致成员间信任度和满意度下降,从而削弱团队的凝聚力。而团队凝聚力的下降,会导致团队内部环境的恶化和成员对工作的懈怠,打击成员的工作积极性,降低团队成员对工作任务的投入程度。

4) 冲突对团队管理过程的影响

冲突对团队管理过程的影响主要体现在团队外部冲突上。一般来说,团队外部冲突是影响团队有效性的重要因素,也是团队内部冲突的诱发因素之一。如果团队目标与组织目标出现分歧,无法达成一致,组织就不会尽全力给予团队以外部支持。同时,缺乏充足的组织资源的支持,团队项目的进展也将会遇到重重阻力和障碍。

(四) 团队冲突的处理

1) 五种传统的冲突处理方式

K. W. 汤姆斯(K. W. Thomas)在1976年提出了处理团队冲突的五种行为方式:包括竞争、协作、回避、迁就和折中,如今已得到多数研究的认可。其中,竞争指一个人以其他人的利益为代价来追求自己的利益;协作指冲突双方寻求特定的解决方法以满足双方的利益;回避指一个人不立即追求自己的利益或满足他人的利益;迁就指为了维护他人利益而牺牲自己的利益;折中指寻求一种双方都能接受、能部分满足双方利益的解决方法。

2) 适合项目团队的冲突处理方式

(1) 保证沟通的充分性。汤姆斯所提出的冲突处理行为的五种方式,并不适用于所有项目团队的冲突处理。协作和折中是团队中适合的冲突处理方法,而竞争、回避和迁就对团队冲突管理有负面影响。在实际的团队运作中,沟通和对话则是有效的手段,它们为处理团队冲突搭建了很好的平台。通过沟通和对话,有助于冲突双方加深对冲突的认识,加强彼此之间的了解。

事实上,许多冲突的发生是缺乏充分的沟通所导致的。因此,事先的沟通有助于减少并避免不必要的冲突,增加对同一事物的共识。而冲突发生后的沟通和对话,则有利于控制冲突的进一步发展,有助于问题的解决,同时有助于改善团队成员间的工作关系和增强相互间的信任。

(2) 第三方参与协同。对于如何运用对话来解决冲突,《哈佛商学院冲突管理课》一书中进行了详细的介绍。笔者认为,对话方法是指双方进行直接谈话,集中讨论双方之间的冲突问题,包括双方的关系本身的一些问题。对话的基本目标是通过消除问题或有效控制来处理冲突,减少冲突代价,以及像人们所希望的那样改善工作关系。对话方法要有第三方的介入和参与。

（3）成员的共同努力。为了实现项目和团队的成功，只顾个人利益或只顾他人利益的冲突处理行为方式都不可取。只有团队成员的共同努力才能让项目顺利进行；同时，冲突悬而未解也不利于项目任务的进行和团队成员信任的保持，要增加团队成员之间的接触，就不能回避冲突。

（五）适当激发团队冲突的重要性

上述讨论都是基于冲突发生的情况下进行的。而当冲突缺乏时，团队领导则要采用激发团队冲突的策略，尤其是任务方面的冲突。这是因为当团队处于低冲突水平状态时，很容易陷入贾尼斯（Janis）提出的"群体思维陷阱"，即在集体决策时，经验再丰富的管理者组成的团队也难免会犯下低级错误，共同选择一个失败方案，并带来灾难性的后果。

第三章

施工项目管理组织

本章介绍了施工项目管理组织的相关概念以及机构设置,并对施工项目管理组织机构设计进行了论述。

第一节　施工项目管理组织概述

本节介绍了施工项目管理组织的概念与内容。

一、施工项目管理组织的概念

施工项目管理组织是指为实施施工项目管理建立的健全组织机构以及该机构为实现施工项目目标所进行的各项组织工作。前者的表现形式为组织机构,后者的表现形式为组织工作。组织是管理的基本职能之一,其一般概念是指各生产要素相结合的形式和制度。由于生产要素相互结合的不断变化,所以组织也一直在动态变化。也就是说,组织不但要贯穿于管理活动的全过程和各方面,还要随着其中各种要素的变化而变化。同时,其自身还兼备系统的概念。

从施工项目的角度看,其组织的全过程可分为两大阶段:一个阶段是各种生产要素进入施工项目的过程,包括技术人员和管理人员进入施工项目、组成项目经理部以及随后的其他生产要素进入现场等;另一个阶段是生产要素在施工项目内部结合、运用、完成任务的过程。

二、施工项目管理组织的内容

施工项目管理组织的内容包括组织设计、组织运行、组织调整三个环节。

(一)组织设计

1)组织设计的依据

组织设计的主要依据有管理目标及任务,管理幅度、层次,责权对等原则,分工协作原则,信息管理原理等。

2)组织设计的内容

组织设计的主要内容包括设计、选定合理的组织系统(含生产指挥系统、职能部门等);科学确定管理跨度、管理层次,合理设置部门、岗位;明确各层次、各单位、各部门、各岗位的职责和权限;规定组织机构中各部门之间的相互联系、协调原则和方法;建立健全必要的规章制度;建立各种信息流通、反馈的渠道,形成信息网络链。

(二)组织运行

1)组织运行的依据

组织运行的主要依据有激励原理、业务性质和分工协作等。

2)组织运行的内容

组织运行的主要内容包括做好人员配置,业务衔接,明确职责、权力、利益;各部门、各层次、各岗位的工作成员要各尽其职、各负其责、协同工作;保证信息沟通的准确性、及时性,实现信息共享;经常对在岗人员进行培训、考核和激励,以提高素质、鼓舞士气。

(三)组织调整

1)组织调整的依据

组织调整的主要依据有动态管理原理、工作需要和环境条件变化。

2)组织调整的内容

组织调整的主要内容包括分析组织体系的适应性、运行效率,及时发现不足与缺陷;对原组织设计进行改革、调整或重新组合;对原组织运行进行调整或重新安排。

第二节 施工项目管理组织机构设置

施工项目管理组织机构与共同参与项目建设的各方企业管理组织机构是局部与整体的关系。组织机构设置的目的是进一步发挥项目管理功能,提高项目整体管理效率,以达到项目管理的最终目标。

一、施工项目管理组织机构的作用

项目经理在启动项目管理前,首先会做好组织准备,即建立一个能完成管理任务,使项目经理指挥灵便、运转自如、效率高的项目组织机构——项目经理部,其目的就是给施工项目管理提供组织保证。

责任制是施工项目管理组织的核心问题。没有责任就不能称其为项目管理的组织机构,也就不存在项目管理。一个施工项目管理组织能否有效运转,取决于是否有健全的岗位责任制。施工项目管理组织的每个成员都应肩负一定的责任,因为责任是项目组织对每个成员的某部分管理活动和生产活动进行规定的具体内容。一个项目经理建立了理想有效的组织系统,其项目管理就成功了一半。

二、施工项目管理组织机构设置的原则

施工项目管理的首要问题就是建立一个健全、完善的施工组织机构。在设置施工项目管理组织机构时,应遵循以下原则。

(一)任务目标原则

为了保证施工项目管理组织任务目标的实现,首先应明确施工项目管理的总目标,并以此为基本出发点和依据,将其分解为各项分目标、各级子目标,建立一套完整的目标体系。根据

这一原则,各层次、各部门、各岗位的设置必须以事为中心,因事建机构,因事设职务,因事配人员。

（二）效率性原则

效率性就是机构精简。施工项目管理组织应尽量减少机构层次、简化机构,各层次、各部门、各岗位要职责分明、分工协作。换言之,效率性就是人员精干,在保证工作保质保量完成的前提下,用尽可能少的人去完成工作任务。

（三）命令统一原则

命令统一原则的实质就是在施工项目管理工作中实行统一领导,建立起严格的责任制,消除多头领导和无人负责的现象,保证全部施工项目管理活动的有效领导和正常进行。

（四）管理幅度原则

管理幅度又称管理跨度,是指一个领导者直接而有效地领导与指挥下属的人数。各级管理者都要有适当的管理幅度,以便在其职责范围内集中精力有效领导的同时,还能调动下级人员的积极性和主动性。

（五）弹性和流动性原则

施工项目管理组织机构应适应施工项目生产活动单件性、阶段性、流动性的特点,还应具有弹性和流动性。在施工的不同阶段,当生产对象数量、要求、地点等条件的需求发生改变时,在资源配备的品种、数量发生变化后,施工项目管理组织机构要及时做出相应调整和变动。

（六）与企业组织一体化原则

施工项目管理组织机构是企业组织的有机组成部分,而企业是施工项目管理组织机构的上级领导。因为企业组织是项目组织机构的母体,所以项目组织的形式、结构应与企业母体相协调、相适应,体现一体化的原则,以便企业组织的领导和管理。在组建、调整、解散施工项目组织机构时,企业要直接任免项目经理,同时从企业内部的职能部门等地方挑选成员,并根据需要让其流动于企业组织与项目组织之间。

三、施工项目管理组织的主要形式

施工项目管理组织的形式是指在施工项目管理组织中处理管理层次、管理跨度、部门设置和上下级关系的组织结构的类型。主要的管理组织形式有工作队式、部门控制式、矩阵制式、事业部制式和流程导向式等。

（一）工作队式的施工项目管理组织

工作队式的施工项目管理组织是指主要由企业中有关部门抽出管理力量组成施工项目经理部的方式。其具有独立性大、稳定性强、流动性灵活的特征,一般适用于大型、工期紧迫、多工种并存、需多部门密切配合的项目。因此,它对项目经理的素质要求较高,需要其具备较强的指挥能力以及快速组织队伍、善于指挥各方人员的能力。

（二）部门控制式的施工项目管理组织

部门控制式的施工项目管理组织的特征是:按照职能原则建立施工项目管理组织;不打乱企业现行建制,即企业将项目委托于下属的某一专业部门或某一施工队;项目竣工交付使用后,恢复原部门或施工队建制。其一般适用于专业性较强、不涉及众多部门的施工项目或小型施工项目。

（三）矩阵制式的施工项目管理组织

矩阵制式的施工项目管理组织是典型的施工项目组织形式。它是在企业承揽到综合性施工项目或大型专业化施工项目时，由各种生产要素管理部门和专业职能部门抽出施工力量组成项目经理部，并把职能原则和对象原则有机结合起来，充分发挥职能部门的纵向优势和项目管理组织的横向优势。这种多个项目组织的横向系统与职能部门的纵向系统的结合，形成了矩阵结构。其适用于同时承担多个施工项目管理工程的企业以及大型、复杂的施工项目。

（四）事业部制式的施工项目管理组织

事业部制式的施工项目管理组织的特征是：企业成立事业部，而事业部在企业内是职能部门，在企业外却享有相对独立的经营权，可以被认为是一个独立单位。企业可按地区、工程类型、经营内容设置事业部，一般适用于大型经营性企业施工项目的承包，特别是远离企业本部施工项目及海外工程项目的承包。

（五）流程导向式项目管理组织

流程导向式结构是指按照相应的业务流程进行项目组织管理结构设计所得到的结构。由于建筑企业各项组织运营机制，需要以业务流程为依据开展工作，而工程项目是建筑企业主要的业务组成，所以工程项目管理组织结构可以按照流程进行设计。其一般适用于一次性施工项目。

综上所述，企业在选择项目管理组织形式时，应将本企业的人员素质、任务、条件、基础、管理水平与施工项目的规模、性质、内容、要求等诸多因素结合在一起，综合考虑，从中选出最适宜的施工项目管理组织形式。

第三节 施工项目管理组织结构的设计

为了保证自身能够在激烈的市场竞争中长久生存，各建筑企业都给予了内部工程项目管理组织结构的设计工作足够的重视，以期能够为后续组织结构设计的质量提供保证。

一、组织结构有待解决的问题

（一）职能部门与项目部门的联系有待完善

通常在进行项目管理过程中，职能部门与项目部门之间并没有做好有效配合，经常会出现不同程度的矛盾与问题。这是因为在管理单项目时，职能部门往往会以项目为主，并按照项目实际情况来安排部门工作，因此整体管理会相对单一。

（二）多项目监督以及支持体系有待优化

同时进行多个建筑工程项目时，难免会由于企业自身资源及外部环境等因素导致各种问题出现，甚至对项目开展质量以及开展效率造成负面影响。对此，有关部门必须为项目建设提供必要的支持与监督辅助，如行政支持、业务支持等，以确保有效地监督与管理工程项目建设时出现或可能出现的各项问题，并将问题发生概率控制在最小范围内，从而有助于施工项目的顺利进行。

（三）项目间的平衡问题有待解决

项目间的平衡会对最终项目建设效果以及建筑企业行业发展口碑产生直接影响。所以，管理组织结构要处理好项目间的平衡问题,并要切实保证多个项目间的平衡。

二、建筑工程项目管理组织结构的设计

以流程导向型项目管理组织结构为例,可对管理组织结构的具体设计方式展开论述。

(一)管理组织结构设计

1)企业管理者

由于时代需要,多数建筑企业都需同时管理多个项目。由于所有项目都有独立的职能部门工作流程,但这些流程往往又会因为跨职能部门项目成员而出现交集。对此,企业管理者要做到以下几点:

(1)在设计组织结构过程中要考虑成员的交集,以保证整体流程的实施质量。

(2)给予项目流程团队一定的权力,确保其能具备完善的决策能力以及自我管理能力。

(3)要从全局的角度出发,统一规划与安排项目,并完成对项目经理的监督与授权等一系列工作。

2)设计人员

(1)要以流程导向相关内容为依据,打造流程导向型管理组织结构。

(2)通过该结构模式来优化传统的劳动分工理论模式,以形成全新的项目组织形式。

3)职能部门经理

(1)改变原有的工作模式,为各项流程的顺利开展提供有效的指导与帮助。

(2)负责职能人员专业技能培训等方面的工作。

(3)从职能角度制定公司规范以及相应规章制度。

(4)有效配合项目经理,为项目目标的落实效果提供保障。

(二)流程导向型组织结构在项目管理中的表现

1)缓解职能部门与项目部门之间的矛盾

由于导向型组织结构可以给予项目经理足够的权力,因此能有效解决职能部门及项目部门之间双重领导的尴尬局面,促使双方部门有效配合。流程导向型组织结构可以让权力中心向项目部门倾斜,是一种以流程为主导的管理模式,能妥善解决好职能部门和项目部门之间的关系与配合。

2)缓解部门之间协调困难的问题

以流程为主导的组织机构管理模式可以有效解决各部门之间协调难的问题,从而切实有效地提升企业的整体效率。这主要体现在以下两个方面:

(1)在导向型组织之内,员工可以将相关流程信息直接反馈到部门经理处,由项目经理展开统一筹划与指挥,以有效分配各个部门的权责,从而确保职能岗位的高效配合,妥善解决效率低下、相互推诿等问题。

(2)项目组实施决策以及自我管理的授权模式,可以切实提升流程团队的整体水平,为项目目标的落实提供有利条件。

3)缓解多项目统筹协调难的问题

(1)导向型组织结构可以统筹与安排所有的项目工作,从而有效解决统筹协调难的问题,以达到理想化部门协调配合模式。

(2)工程项目管理部门监督与授权项目经理不仅能高质量完成跨职能团队协调以及项目

经理指挥工作,还可以有效避免项目经理发生滥用职权的状况,以保证企业的健康发展。

(3) 各建筑企业可以按照自身多项目管理的实际需要,设置跨职能主管团队,帮助管理人员完成项目财务核算以及评价等方面的工作,并科学调整与优化多项目运行标准及运行规则等内容,以制定出理想化的管理机制,从而为下属企业项目实施提供可靠的组织管理模式。

第四章

施工项目安全控制措施

安全管理是项目施工管理的一项重要内容。本章主要阐述了项目安全管理理念、管理目标和控制流程、保证计划、管理控制措施、事故管理、职业健康管理、生产标准化和安全文化建设等。

第一节　施工项目安全管理概述

安全生产是施工项目重要的控制目标之一,也是衡量施工项目管理水平的重要标志。因此,施工项目企业必须把实现安全生产当作组织施工活动的重要任务。

在这一背景下,生产一线的安全生产管理者如何围绕以人为本的理念进行管理来提高安全管理实效,实现安全生产,显得尤为重要。对此,安全生产管理者应做到以下三点。

(1)大力倡导关注安全、关爱生命的安全意识和工作导向,使每个员工都能认识到安全的重要性。

(2)关心员工的人身安全和身体健康,改善劳动环境和工作条件,提高安全生产管理的技术手段。

(3)关心员工的思想和生活,营造和谐的工作氛围,使其能全身心地投入工作,以实现企业的长足发展。

一、施工项目安全管理的特点

施工项目是高风险行业,其过程包含很多不稳定的外部因素,这导致施工项目往往具有危险性大、安全隐患多等特点。因此,施工项目企业必须要重视安全管理工作,做好安全管理工作,保证员工在生产过程中的安全和健康,保护设备物资不受损坏。施工项目安全管理主要有五个特点。

(1)统一性。安全和生产是辩证统一的关系,即只有在保证安全的前提下才能发展生产,并在发展生产的基础上不断改善安全设施。生产过程中,越注意安全,就越能促进生产。

(2)预防性。安全生产要做到防患于未然,以人为本,坚持安全发展,贯彻"安全第一、预防为主、综合治理"的方针。

(3)长期性。安全生产是施工过程中的一项经常性工作,要始终贯彻安全措施和安全教育,保证其经常化与制度化。

（4）科学性。各种安全措施必须要将科学原理与实践经验相结合。同时,还要通过不断学习和运用科学知识进一步加强和改进安全措施。

（5）群众性。安全施工与每个员工切身利益息息相关。因此,只有人人重视安全,才能更好地保证安全施工。

二、施工项目安全管理的主要内容

（一）制定安全生产制度

施工项目企业在制定安全生产制度时,必须符合国家和地区的相关政策、法规、条例和规程,并结合施工项目的特点,明确各级各类人员安全生产责任制,要求全体员工必须认真贯彻执行安全生产制度。

（二）加强安全技术管理

编制施工项目管理实施规划时,相关人员必须结合实际情况,制订出切实可行的安全技术措施,并要求全体员工必须认真贯彻执行。

管理人员在执行安全生产制度的过程中,一旦发现问题,必须及时采取妥善的安全防护措施。

施工项目企业要在执行过程中不断积累与安全技术措施相关的技术资料,同时,进行研究分析,总结提高,为后续施工项目提供更好的借鉴。

（三）加强安全教育和安全技术培训

施工项目企业要组织全体员工认真学习国家、地方和本企业的安全生产制度、安全技术规程、安全操作规程和劳动保护条例等。

在新员工入岗前,要对其进行安全纪律教育,并对特种专业作业人员要进行专业安全技术培训,要求他们在考核合格后方能上岗。

要求全体员工保持高度的安全生产意识,牢固树立"安全第一"的思想。

（四）组织安全检查

确保安全生产必须要有监督监察。对此,安全检查员要经常查看现场,及时排除施工中的不安全因素,纠正违章作业,监督安全技术措施的执行,不断改善劳动条件,防止工伤事故的发生。

1）处理事故

发生人身伤亡和各种安全事故后,相关人员应立即进行调查,了解事故产生的原因、过程和后果,提出鉴定意见。不仅如此,还要在总结经验教训的基础上,有针对性地制订防止事故再次发生的可靠措施。

2）将安全生产作为一项重要的考核指标

施工项目企业要加强对安全生产事故应急救援能力的建设,提升应对突发事件的水平。与此同时,还要杜绝因隐患失控而导致重特大事故的发生,完成不低于上级部门下达的各项安全生产控制指标工作。

三、安全管理的基本原则

施工项目安全管理是保证生产处于最佳安全状态的根本环节,主要包括安全组织管理、现场与设施管理、行为控制和安全技术管理四个内容,分别具体地管理与控制生产中的人、物、环境的行为状态。为了有效控制生产因素的状态,在实施安全管理的过程中,施工项目企业必须坚持"五种关系,六项基本原则"这一基本管理原则。

(一)正确处理五种关系

1)安全与危险并存

安全与危险在同一事物的运动中相互对立、相互依赖。因为有危险,才要进行安全管理,防止危险的发生。在施工活动中,并不存在绝对的安全与绝对的危险。因此,要保持生产的安全状态,就必须采取多种措施,以预防为主。

2)安全与生产的统一

生产是人类社会存在和发展的基础。若生产中人、物、环境都处于危险状态,生产就无法进行。安全是生产的客观要求,只有让生产得到安全保障,才能持续稳定地发展。

3)安全与质量的内涵

从广义上讲,质量包含安全工作质量,安全概念也包含着质量,安全为质量服务,质量需要安全保证,二者交互作用、互为因果。

4)安全与速度的互通

生产速度应以安全作保障,安全就是速度。施工项目企业应追求"安全加速度",竭力避免"安全减速度"。一味强调速度,置安全于不顾的做法是极其有害的。当速度与安全发生矛盾时,暂时减缓速度,保证安全才是正确的做法。

5)安全与效益的兼顾

安全技术措施的实施,一定会改善劳动条件,调动员工的积极性,激发员工的劳动热情,带来经济效益,这些都足以用来作为原来投入的回报。反之,抱着侥幸心理不重视安全生产,在出现安全事故后,往往会带来更大的经济损失。从这个意义上说,安全与效益是一致的。

(二)坚持安全管理六项基本原则

1)兼顾生产与安全

安全寓于生产之中,并对生产起促进与保证作用。兼顾生产与安全,不仅是让各级领导人员明确安全管理责任,同时也是让一切与生产有关的机构、人员明确其业务范围内的安全管理责任。由此可见,一切与生产有关的机构、人员都必须参与安全管理,并在管理中承担责任。

2)坚持安全管理的目的性

安全管理的内容是对生产中的人、物、环境等因素状态的管理,以有效控制人的不安全行为和物的不安全状态,消除或避免事故,达到保护劳动者安全与健康的目的。

3)必须贯彻安全生产的方针

安全生产工作应该以人为本,坚持安全发展,坚持"安全第一、预防为主、综合治理"的方针。

4)坚持"四全"动态管理

安全管理涉及生产活动的方方面面,包括从开工至竣工交付的全部生产过程、全部生产时间、一切可能发生变化的生产因素等。因此,生产活动中必须坚持"四全"(全员、全过程、全方位、全天候)的动态管理。

5)安全管理重在控制

安全管理的目的是预防、消灭事故,防止或消除事故伤害,保护劳动者的安全与健康。控制生产中人的不安全行为和物的不安全状态,是动态的安全管理的重点。这是因为事故往往都是由于人的不安全行为的运动轨迹与物的不安全状态的运动轨迹交叉而产生的。

6）在管理中发展与提高

管理需要通过不断变化、发展，以达到适应变化着的生产活动、消除新的危险因素的目的。为了实现这一目的，管理人员需要不间断地摸索新的规律，总结管理、控制的办法与经验，来指导发生变化后的管理，从而使安全管理不断上升到新的高度。

四、施工项目安全管理制度

为了坚决贯彻执行"安全第一，预防为主，综合治理"的方针，必须建立健全安全管理制度。

（一）安全教育制度

为了提高员工对安全生产的认识，让其自觉贯彻执行安全生产的方针、政策、规章制度和各项劳动保护条例，掌握安全技术知识，施工项目企业必须要建立能确保安全生产的安全教育制度。安全教育制度主要包括安全思想教育、劳动保护方针政策教育、安全生产技术知识教育、安全生产典型经验和事故教训等内容。

（二）安全生产责任制

要建立健全各级安全生产责任制，必须明确规定各级领导人员、各专业人员在安全生产方面的职责，并认真严格执行各项制度。同时，对于发生的事故，一定要追究各级领导人员和各专业人员应负的责任。不仅如此，可根据具体情况，建立劳动保护机构并配备相应的专职人员。

（三）安全技术措施计划

安全技术措施计划主要包括保证施工安全生产、改善劳动条件、防止伤亡事故、预防职业病等。

（四）安全检查制度

在施工生产中，为了及时发现事故隐患，堵塞事故漏洞，防患于未然，必须对安全生产进行监督检查，主要包括查思想、查制度、查纪律、查领导、查隐患等内容。除此之外，还要结合季节特点，采取防洪、防雷电、防坍塌、防高处坠落、防煤气中毒等措施。总而言之，要以自查为主，遵循领导与群众相结合的检查原则，做到"边查边改"。

（五）安全原始记录制度

安全原始记录是进行统计、总结经验和研究安全措施的依据，也是对安全工作的监督和检查。所以，要认真做好安全原始记录工作。安全原始记录工作主要内容有安全教育记录，安全会议记录，安全组织状况，安全措施登记表，安全检查记录，安全事故调查、分析、处理记录，安全奖惩记录等。

（六）工程保险

施工项目中有很多高空作业，环境变数多，劳动条件较差，因此风险较大且易发生安全事故。针对此，施工项目企业除了采取各种技术和安全管理措施外，还应为员工购买工程保险。工程保险属于风险管理中的风险转移措施，参加保险者可在因自然灾害或意外事故造成的财产损失和人身伤亡时，获得保险公司的补偿。

五、施工项目安全管理的一般规定

（一）施工单位负责施工现场安全

实行施工总承包的，由总包单位负责；分包单位向总包单位负责，并服从总承包单位对施工现场的安全生产管理。

（二）安全员必须有执业资格

施工项目单位项目负责人应由取得相应执业资格证的人员担任，对建设工程项目的安全施工负责。项目经理部应建立安全管理体系和安全生产责任制。安全员应持证上岗，保证项目安全目标的实现。

（三）编制临时现场方案

施工项目单位应当在施工组织设计中编制安全技术措施和施工现场临时现场方案。对达到一定规模的危险性较大的分部分项工程应编制专项施工方案。设计施工平面图时，应充分考虑到防火、防爆、防污染等安全因素，做到分区明确、合理定位。

（四）制定应急救援预案

施工项目单位应当根据建设工程施工特点、范围，对施工现场易发生重大事故的部位、环节进行监控，制定施工现场生产安全事故应急救援预案。实行施工总承包的，由总承包单位统一编制建设工程生产安全事故应急救援预案，工程总承包单位和分包单位按照应急救援预案，各自建立应急救援组织或者配备应急救援人员，配备救援器材、设备，并定期组织演练。

（五）安全控制不稳定因素

施工项目单位应根据施工中人的不安全行为、物的不安全状态、作业环境的不安全因素和管理缺陷进行相应的安全控制。

（六）建立安全生产教育制度

施工项目单位必须建立施工安全生产教育制度，必须为从事危险作业的人员办理人身意外伤害保险。

第二节　施工项目安全管理目标与控制流程

施工项目安全管理应贯穿整个过程，是项目管理工作的重中之重。本节主要阐述了施工项目安全的管理目标与控制流程。

一、施工项目安全控制的对象

施工项目安全控制的对象分别为劳动者、劳动对象和劳动手段、劳动条件和劳动环境。

（一）劳动者

依法制定有关安全的政策、法规、条例，给予劳动者的人身安全和健康以法律保障措施，以约束控制劳动者的不安全行为，消除或减少主观上的安全隐患。

（二）劳动对象和劳动手段

为了规范物的状态，以消除和减轻其对劳动者的威胁和造成财产损失，以改善施工工艺、改进设备性能来消除和控制生产过程中可能出现的危险因素，避免损失扩大的安全技术保证措施。

（三）劳动条件和劳动环境

通过防止和控制施工中高温、严寒、粉尘、噪声、震动、毒气和毒物等对劳动者安全与健康影响的医疗、保健、防护措施及对环境的保护措施，来改善和创造良好的劳动条件，防止职业伤害,保护劳动者身体健康和生命安全。

二、施工项目安全控制的目标及目标体系

(一)施工项目安全控制的目标

施工项目安全控制目标是指在施工过程中,安全工作所要达到的预期效果。安全控制目标由总承包单位负责制定。

施工项目安全控制目标应实现重大伤亡事故为零的目标以及其他安全目标指标。例如,控制伤亡事故的指标(死亡率、重伤率、千人负伤率、经济损失额等)、控制交通安全事故的指标(杜绝重大交通事故、百车次肇事率等)、尘毒治理要求达到的指标(粉尘合格率等)、控制火灾发生的指标等。

(二)施工项目安全控制目标体系

施工项目总安全目标确定后,还要按层次进行安全目标分解到岗、落实到人,形成安全目标体系——施工项目安全总目标,项目经理部下属各单位、各部门的安全指标,施工作业班组安全目标,个人安全目标等。

三、施工项目安全控制程序

施工项目安全控制程序主要有五个步骤。

(1)确定项目的安全目标。按"目标处理"方法,在以项目经理为首的项目管理系统内进行分解,从而确定每个岗位的安全目标,实现全员安全控制。

(2)编制项目安全技术措施计划。对生产过程中的不安全因素,用技术手段加以控制和消除,并用文件化的方式予以表示。

(3)安全技术措施计划的落实和实施。目的是通过安全控制使生产作业的安全状况处于受控状态,内容主要包括:建立健全安全生产责任制、设置安全生产设施、进行安全教育和培训、开展沟通和信息交流等。

(4)安全技术措施计划的验证。它包括安全检查、纠正不符合安全技术措施的情况,并做好检查记录工作。同时,根据实际情况补充和修改安全技术措施。

(5)持续改进。施工项目必须要在实施过程中不断发现问题、解决问题、处理问题,持续改进,直到施工项目所有工作的完成。

第三节 施工项目安全保证计划

编制施工项目安全保证计划要以安全生产策划的结果为根据,规划安全生产目标,确定过程控制要求,制订安全技术措施,配备必要资源,从而确保安全保证目标的实现。

一、项目经理的职责

(1)项目经理部应根据施工项目安全目标的要求配置必要的资源,确保施工安全保证目标的实现。

(2)施工项目安全保证计划应在项目开工前编制,经项目经理批准后实施。

（3）项目经理部应根据工程特点、施工方法、施工程序、安全法规和标准的要求来保护周围环境。

二、安全保证计划的主要内容

（1）施工项目安全保证计划的内容主要包括工程概况、控制程序、控制目标、组织结构、职责权限、规章制度、资源配置、安全措施、检查评价和奖惩制度等。

（2）施工平面图设计是项目安全保证计划的一部分，设计时应充分考虑防火、防爆以及防污染等安全因素，满足施工安全生产的要求。

（3）对结构复杂、施工难度大、专业性强的项目，除制订项目总体安全保证计划外，还须制订单位工程或分部分项工程的安全施工措施。

（4）实行总分包的项目，分包项目安全计划应纳入总包项目安全计划，分包人应服从承包人的管理。

三、安全技术方案和措施

（1）对高空作业、井下作业、水上作业、水下作业、深基础开挖、爆破作业、脚手架上作业、有害有毒作业、特种机械作业等专业性强的施工作业以及从事电气、压力容器、起重机、金属焊接、井下瓦斯检验、机动车和船舶驾驶等特殊工种的作业，应制订单项安全技术方案和措施，并对管理人员和操作人员的安全作业资格和身体状况进行合格审查。

（2）安全技术措施是为防止工伤事故和职业病从技术上采取的措施，应包括防火、防毒、防爆、防洪、防尘，防雷击、防触电、防坍塌、防物体打击，防机械伤害、防溜车、防高空坠落、防交通事故，防寒、防暑、防疫、防环境污染等方面。

第四节　施工项目安全控制措施

施工项目过程危险性大、突发性强、易发生伤亡事故，故而保证安全生产尤为关键。本节主要介绍了施工项目的安全控制措施。

一、施工项目安全管理制度制订措施

项目经理部必须执行国家、行业和地区的安全法规与标准，并以此为基础制定本项目的安全管理制度，主要有以下两个方面。

（一）行政管理

行政管理的制度主要包括十七项内容：安全生产责任制度，安全生产例会制度，安全生产教育制度，安全生产检查制度，伤亡事故管理制度，劳保用品发放及使用管理制度，安全生产奖惩制度，工程开竣工的安全制度，施工现场安全管理制度，安全技术措施计划管理制度，特殊作业安全管理制度，环境保护、工业卫生工作管理制度，锅炉、压力容器安全管理制度，场区交通安全管理制度，防火安全管理制度，意外伤害保险制度，安全检举和控告制度。

（二）技术管理

技术管理的制度主要包括三项内容：关于施工现场安全技术要求的规定，各专业工种安全技术操作规定和设备维护检修制度。

二、施工项目安全管理组织措施

施工项目安全管理组织措施包括建立施工项目安全管理组织系统,即项目安全管理委员会、施工项目安全责任系统和各项安全生产责任制度等。其中,安全生产责任制是重点内容。

安全生产责任制是指企业对项目经理部各级领导、各个部门、各类人员所规定的在各自职责范围内对安全生产应负责任的制度。安全生产责任制应根据"管生产必须管安全""安全生产,人人有责"等原则,明确各级领导、各职能部门和各类人员在施工生产活动中应负的安全责任。其内容应充分体现"责、权、利相结合"的原则。

(一)施工项目管理人员的安全生产责任

1)项目经理

项目经理对合同工程项目的安全生产负领导责任。在施工项目生产全过程中,认真贯彻落实安全生产方针、法律法规和各项规章制度,结合项目特点提出有针对性的安全管理要求,严格履行安全考核指标和安全生产奖惩办法。

2)项目总工程师

项目总工程师对工程项目中的安全生产负技术领导责任,要严格执行安全生产技术规程、规范和标准,主持项目安全技术措施交底工作,组织编制施工组织设计、安全技术措施,保证其可行性与针对性,并检查监督,落实工作。

3)项目安全总监

项目安全总监要认真贯彻国家、行业、地方以及上级主管部门有关安全生产的法律、法规、技术标准、规范、方针和政策等。

4)安全员

安全员要认真执行安全生产规章制度,不违章指导,落实施工组织设计中的各项安全技术措施,经常进行安全检查,消除事故隐患,制止违章作业。

5)工长、施工员

工长、施工员要组织实施安全技术措施,进行安全技术交底,并对施工现场各种安全防护装置进行验收,确认其合格后方可使用。另外,工长、施工员还要组织学习安全操作规程,教育工人不违章作业。

(二)项目职能部门的安全生产责任

1)生产计划部门

编制生产计划时,要分析工程特点,合理安排,均衡生产,并会同有关部门提出安全技术措施,安排月、旬作业计划时,应将支、拆安全网,拆、搭脚手架等列为正式工作,给予时间保证。在检查月、旬生产计划的同时,要检查安全措施的执行情况,实施工作(如支、拆安全网,拆、搭脚手架等)要纳入计划,列为正式工序,给予时间保证。在排除生产障碍时,应贯彻"安全第一"的思想,同时消除安全隐患,当生产与安全发生矛盾时,生产必须服从安全,不得冒险违章作业。对改善劳动条件的工程项目必须纳入生产计划,视同生产任务优先安排,在检查生产计划完成情况时,统一检查。加强对现场的场容、场貌管理,做到安全生产,文明施工。

2)安全管理部门

对施工生产中的相关安全问题负责。负责制订改善劳动条件、减轻劳动强度、消除噪声、治理尘毒等技术措施。严格按照国家有关安全技术规程、标准,编制审批项目安全施工组织设计等技术文件,使安全措施落实到施工组织设计、施工方案中,负责解决施工中的疑难问题,从技术措施上保证安全生产。负责对新工艺、新技术、新设备和新方法制订相应的安全措施,制定相应的安全操作规程。

3)机械动力部门

负责制订保证机、电、起重设备、锅炉和压力容器安全运行的措施,经常检查所有安全防护装置及一切附件是否齐全、灵敏、有效,并督促操作人员进行日常维护。对严重危及员工安全的机械设备,会同施工技术部门提出技术改进措施,并付诸实践。新购进的机械、锅炉、压力容器等设备的安全防护装置必须齐全、有效,出厂合格证及技术资料必须完整,使用前应制定安全操作规程。负责对机、电、起重设备的操作人员以及锅炉、压力容器的运行人员进行定期培训、考核并签发作业合格证,禁止无证上岗。认真贯彻执行机、电、起重设备、锅炉和压力容器的安全规程和安全运行制度,对造成机、电设备事故的违章作业要认真调查分析。

4)物资供应部门

施工生产使用的一切机具和附件等,采购时必须附有出厂合格证明,发放时必须符合安全要求,回收后必须检修。负责采购、保管、发放和回收劳动保护用品,并了解使用情况,采购的劳动保护用品,必须符合规格标准。对批准的安全设施,其所用材料应纳入计划,及时供应。

5)财务部门

按国家有关规定要求和实际需要,提取安全技术措施经费和保证其他劳保用品专款专用。负责员工安全教育培训经费的拨付工作。

6)保卫消防部门

会同有关部门对员工进行安全防火教育。主动配合有关部门开展安全检查,狠抓事故苗头,消除治安灾害事故隐患,重点抓好防火、防爆和防毒工作。对已发生的重大事故,会同有关部门组织抢救,查明性质。对性质不明的事故要参与调查。对破坏性事故和破坏嫌疑事故负责追查处理。

(三)施工安全系统管理

积极贯彻执行安全生产方针、法律法规和各项安全规章制度,并监督检查执行情况。制订安全工作计划,制定方针目标,并负责贯彻实施。做好安全生产的宣传、教育和管理工作,负责审查企业内部制定的安全操作规程,并对执行情况进行监督检查。对全体员工进行安全教育,负责参加特种作业人员的培训、考核工作,签发合格证。组织安全活动并定期安全检查,及时向上级领导报告安全生产情况。参与审查施工组织设计、施工方案,编制安全技术措施计划,并对执行情况进行督促检查。深入基层,研究不安全动态,提出改正意见,指导安全技术人员工作,掌握安全生产情况,调查、制止违章。鉴定专控劳动保护用品,并监督其使用情况。对于进入现场的单位或员工,安全人员有权监督其安全操作。参加工伤事故调查和处理,对伤亡事故进行统计、分析及报告。制止违章指挥和违章作业,遇有严重险情,有权暂停施工,报告领导处理。对违反安全生产和劳动保护法律法规的行为说服劝阻无效时,有权越级报告。

三、施工项目安全技术工作措施

施工项目安全技术工作措施是施工组织设计的重要组成部分。在施工项目中,针对工程特点、施工现场环境、施工方法、劳力组织、作业方法、机械设备、变配电设施、架设工具以及各项安全防护设施等制订的确保安全施工的预防措施,都可称为施工项目安全技术工作措施。

（一）施工项目安全技术工作措施的编制原则

项目部门在制订施工项目安全技术工作措施时,应以"遵循建筑工程特点"为原则来进行。对专业性较强的工程项目,应当根据实际情况制订专项安全技术工作措施。

（二）施工项目安全技术措施编制的主要内容

工程主要分为两种:一种是结构共性较多的,称为一般工程;另一种是结构比较复杂、技术含量高的,称为特殊工程。由于施工条件、环境等不同,同类结构工程既有共性,也有不同之处,而不同之处在共性措施中是无法解决的。因此,应根据施工项目的特点及不同危险因素,按照有关规程的规定,结合以往的施工经验与教训,编制施工项目安全技术措施。

1）一般工程的施工项目安全技术措施

根据基坑、基槽和地下室等开挖深度、土质类别选择开挖方法,确定边坡的坡度或采取何种护坡支撑和护地桩,以防塌方。对于脚手架、吊篮等,选用与设计搭设方案和安全防护措施。设计高处作业的上下安全通道。遵循安全网(平网、立网)的架设要求、范围(保护区域)、架设层次以及段落。满足施工电梯、井架(龙门架)等垂直运输设备的位置搭设要求,要保证搭设的稳定性和装置的安全性等。设置施工洞口及临边的防护方法和立体交叉施工作业区的隔离措施。布置场内运输道路及人行通道。编制临时用电的施工组织设计并绘制临时用电图纸,制订在建工程(包括脚手架具)的外侧边缘与外电架空线路的间距达到最小安全距离时应采取的防护措施。制订防火、防毒、防爆和防雷等安全措施。在建工程与周围人行通道及民房间设置防护隔离。

2）特殊工程施工项目安全技术措施

对于结构复杂、危险性大的特殊工程,应编制单项施工项目安全技术措施。例如,爆破、大型吊装、沉箱、沉井、烟囱、水塔、特殊架设作业、高层脚手架、井架和拆除工程必须编制单项施工项目安全技术措施,并注明设计依据,做到有计算、有详图、有文字进行说明。

3）季节性施工项目安全技术措施

季节性施工项目安全技术措施,即考虑不同季节的气候对施工生产带来的不安全因素可能造成的各种突发性事故,从防护上、技术上以及管理上应采取的措施。一般建筑工程在施工组织设计或施工方案的安全技术措施中,会编制季节性施工项目安全措施。危险性大、高温期长的建筑工程应单独编制季节性施工项目安全技术措施。

（三）施工项目安全技术措施的实施要求

经批准的施工项目安全技术措施具有技术法规的作用,必须认真贯彻落实。遇到因条件变化或考虑不周需变更安全技术措施内容时,要经原编制、审批人员办理变更手续方可变更,不能擅自变更。

（四）施工项目安全控制要点

(1)施工企业取得安全行政主管部门颁布的"安全施工许可证"后方可施工。

(2)总包单位及分包单位都应在持有"施工企业安全资格审查认可证"的条件下组织施工。

(3)各类人员上岗前必须具备相应的安全生产资格。

(4)所有施工人员必须经过三级安全教育。

（5）特殊工种作业人员必须持有"特种作业操作证"。

（6）对查出的事故隐患要做到"定整改责任人、定整改措施、定整改完成时间、定整改验收人"。

（7）必须把好安全生产措施关、交底关、教育关、防护关、检查关和改进关。

四、安全教育

安全教育主要包括安全生产思想教育、安全知识教育、安全技能教育和法制教育四个方面的内容。

（一）安全生产思想教育

1）思想认识教育

要提高各级领导和全体员工对安全生产重要意义的认识，从思想上认识到搞好安全生产的重要意义，以增强关心人、保护人的责任感，树立牢固的群众观念。通过安全生产方针、政策的教育，提高各级领导和全体员工的政策水平，使他们正确、全面地理解国家的安全生产方针、政策，严肃认真地执行安全生产法律法规和规章制度。

2）劳动纪律教育

使全体员工意识到严格执行劳动纪律对实现安全生产的重要性，明白劳动纪律是劳动者进行共同劳动时必须遵守的规则和秩序的道理。反对违章指挥，反对违章作业，严格执行安全操作规程。遵守劳动纪律是贯彻"安全第一，预防为主，综合治理"的方针、减少伤亡事故、实现安全生产的重要保证。

（二）安全知识教育

企业所有员工都应具备安全基本知识。因此，全体员工必须接受安全知识教育且每年都要按照规定学时进行安全培训。安全基本知识教育的主要内容包括企业的生产经营概况、施工生产流程、主要施工方法、施工生产危险区域及其安全防护的基本知识和注意事项、机械设备场内运输知识、电气设备（动力照明）、高处作业、有毒有害原材料等安全防护基本知识、消防器材使用和个人防护用品的使用知识等。

（三）安全技能教育

安全技能教育是指，结合本工种的专业特点，掌握安全操作、安全防护所必须具备的基本技能知识。每个员工都要熟悉本工种、本岗位专业的安全技能知识。安全技能知识是比较专门、细致和深入的知识，它包括安全技术、劳动卫生和安全操作规程。

（四）法制教育

法制教育是指，要采取各种有效形式对员工进行安全生产法律法规、行政法规和规章制度方面的教育，从而提高全体员工学法、知法、懂法、守法的自觉性，以达到安全生产的目的。

五、安全检查与验收

（一）安全检查的内容

安全检查的内容主要有思想、制度、机械设备、安全设施、安全教育培训、操作行为、劳保用品的使用和伤亡事故的处理等。

（二）安全检查的要求

（1）各种安全检查都应根据检查要求配备足够的资源，特别是大范围、全面性的安全检查,应明确检查负责人,选调专业人员,并明确分工、检查内容、标准等要求。

(2)每种安全检查都应有明确的检查目的、检查项目、检查内容及标准,特殊过程、关键部位应重点检查。检查时应尽量采用检测工具,用数据陈述事实。对于现场管理人员和操作人员,要检查是否有违章指挥和违章作业的行为,并进行应知应会知识的抽查,以便了解管理人员和操作工人的安全素质。

(3)检查记录是安全评价的依据,要做到认真详细、真实可靠,对隐患的检查、记录尤其要具体化,如隐患的部位、危险程度及处理意见等。其中,采用安全检查评分表的施工项目单位应记录每项扣分的原因。

(4)对安全检查记录要用"定性定量"的方法,认真、系统地分析安全评价。要明确已达标和未达标的检查项目,明确需要改进的地方和需要整改的问题。同时,受检单位应根据安全检查评价及时制订改进的对策和措施。

(5)整改是安全检查工作的重要组成部分,也是检查结果的归宿。

(三)安全检查的计分方法

中华人民共和国住房和城乡建设部于2011年12月7日颁发了《建筑施工安全检查标准》(JGJ 59—2011)(以下简称《标准》),并于2012年7月1日实施。《标准》的主要技术内容包括总则、术语、检查评定项目、检查评分办法与检查评定等级。最后以汇总表的总得分及保证项目达标与否作为评价一个施工现场安全生产情况的依据。

(四)安全检查的计分内容

1)汇总表

"建筑施工安全检查评分汇总表"是对各个分项检查结果的汇总,主要包括安全管理、文明施工、脚手架、基坑支护与模板工程、"三宝"及"四口"防护、施工用电、物料提升机与外用电梯、塔吊、起重吊装和施工机具十项内容。该表的得分是评价施工现场安全生产情况的依据。

(1)安全管理。主要考核的是施工安全管理中的日常工作。管理不善是造成伤亡事故的主要原因之一,对伤亡事故的分析表明,事故大多不是技术问题解决不了造成的,而大多是违章所致。所以,相关负责人要做好日常的安全管理工作,保存记录,并提供给检查人员,以确认该工程的安全管理工作。

(2)文明施工。要严格遵循第167号国际劳工公约《施工安全与卫生公约》的相关要求。施工现场的工作人员不但要做到遵章守纪、安全生产,同时还要做到文明施工、整齐有序,将过去"脏、乱、差"的施工现场变为施工企业的"文明窗口"。

(3)脚手架。主要包括落地式脚手架、悬挑式脚手架、门型脚手架、挂脚手架、吊篮脚手架和附着式升降脚手架。

(4)基坑支护与模板工程。近年来,施工伤亡事故中坍塌事故比例增大。其中,开挖基坑时未按地质情况设置安全边坡,未做好固壁支撑,拆模时楼板混凝土未达到设计强度以及模板支撑未经设计验算这几个原因造成的坍塌事故是较多的。因此,在施工前要对基坑支护与模板工程进行安全检查,主要检查施工现场的基槽施工;同时,在施工前还必须进行勘察,明确地下情况,制订施工方案,按照土质情况和深度设置安全边坡或固壁支撑,对较深的沟坑必须进行专项设计与支护。

(5)"三宝"及"四口"防护。"三宝"指安全帽、安全带和安全网,"四口"指楼梯口、电梯井口、预留洞口、通道口。在施工过程中,施工项目单位必须针对易发生事故的部位采取可靠的防护措施或补充措施，同时施工人员要按不同作业条件佩戴和使用个人防护用品。

（6）施工用电。这是针对施工现场在工程建设过程中的临时用电确定的，主要强调必须按照临时用电施工组织设计施工，要有明确的保护系统，符合三级配电两级保护的要求，做到"一机、一闸、一漏、一箱"，保证线路架设符合规定。

（7）物料提升机与外用电梯。施工现场使用的物料提升机和人货两用电梯是垂直运输的主要设备，由于物料提升机目前尚未定型，多由企业自己设计制作使用，故而依然存在着设计制作不符合规范规定的现象以及使用管理随意性较大的问题；而人货两用电梯虽然是由厂家生产，但也存在组装、使用及管理上不合规范的隐患。所以，必须按照规范及有关规定，对这两种设备进行认真检查、严格管理，防止发生事故。

（8）塔吊。塔式起重机因其升降幅度大的特点被大量用于建筑工程施工，它可以同时解决垂直及水平运输问题。但由于其作业环境、条件复杂多变，在组装、拆除及使用中存在一定的危险性，因此如果使用、管理不善，就会容易发生倒塔事故，从而造成人员伤亡。所以，塔式起重机的组装、拆除必须由具有资格的专业队伍承担，使用前要进行试运转检查，使用中要严格按规定作业。

（9）起重吊装。即建筑工程中的结构吊装和设备安装工程。起重吊装是专业性强且危险性较大的工作，所以必须要制订专项施工方案，在使用前进行试吊，同时要配备专业队伍去验收起重设备的合格与否。

（10）施工机具。施工现场除了使用大型机械设备外，也会大量使用中小型机械和机具。然而，这些机具虽然体积较小，但仍有危险性，且因量多面广，所以也有必要进行规范化使用。

2）分项检查评分表

分项检查评分表的结构形式分为两类。

一类是自成整体的系统，如脚手架、施工用电等检查表。其列出的各检查项目之间有内在的联系，并会按结构重要程度，对系统的安全检查情况起到制约的作用。在这类检查评分表中，要把影响安全的关键项目列为保证项目，其他项目列为一般项目。凡列在检查表保证项目中的项目，对系统的安全起着关键作用，为了突出这些项目的作用而制定了保证项目的评定原则：当保证项目中有一项不得分或保证项目小计得分不足 40 分时，此项检查不得分。

另一类是各个检查项目不成系统，之间无相互联系的逻辑关系，因此没有将之分为保证项目和一般项目，如"三宝"及"四口"防护和施工机具两张检查表。

（五）施工安全验收

1）验收原则

必须坚持"验收合格才能使用"的原则。

2）验收范围

（1）各类脚手架、井字架、龙门架、堆料架。

（2）临时设施及沟槽的支撑与支护。

（3）支搭好的水平安全网和立网。

（4）各种起重机械、路基轨道、施工电梯及中小型机械设备。

（5）安全帽、安全带和护目镜、防护面罩、绝缘手套、绝缘鞋等个人防护用品。

3）验收程序

（1）脚手架杆件、扣件、安全网、安全帽、安全带以及其他个人防护用品，应有出厂证明或验收合格的凭据，由项目经理、技术负责人和施工队长共同审验。

（2）各类脚手架、堆料架、井字架、龙门架和支撑的安全网和立网应由项目经理或技术负责人申报支撑方案并牵头，会同工程和安全主管部门进行检查验收。

（3）临时电气工程设施应由安全主管部门牵头，会同电气工程师、项目经理、方案制订者和安全员进行检查验收。

（4）起重机械、施工用电梯应由安装单位和工地的负责人牵头，会同有关部门检查验收。

（5）工地使用的中小型机械设备应由工地技术负责人和工长牵头，进行检查验收。

（6）所有验收必须办理书面确认手续，否则无效。

第五节 施工项目安全事故管理

针对施工项目频繁发生安全事故的现象，施工项目企业应采取相应的管理控制方法来加强对事故的预防，以确保施工项目的质量和进度。本节在介绍安全事故的等级与种类的基础上，着重分析了安全事故的调查处理程序与预防。

一、安全事故的等级

安全事故是指生产经营单位在生产经营活动（包括与生产经营有关的活动）中突然发生的，伤害人身安全和健康、损坏设备设施或者造成经济损失的，导致原生产经营活动（包括与生产经营有关的活动）暂时中止或永远终止的意外事件。

《生产安全事故报告和调查处理条例》第三条对安全事故做了详细的划分：根据生产安全事故（以下简称事故）造成的人员伤亡或者直接经济损失，事故一般分为特别重大事故、重大事故、较大事故和一般事故。

二、安全事故的调查及处理程序

发生伤亡事故后，负伤人员或最先发现事故的人应立即报告领导。企业对受伤人员歇工满一个工作日以上的事故，应填写伤亡事故登记表并及时上报。对于事故的调查处理，必须坚持"事故原因不清不放过，事故责任者和群众没有受到教育不放过，没有防范措施不放过"的"三不放过"原则，并按照下列步骤进行处理。

（一）迅速抢救伤员并保护好事故现场

事故发生后，现场人员不要惊慌失措，要有组织、听指挥，首先抢救伤员并排除险情，防止事故蔓延扩大。同时，为了事故调查分析需要，应保护好事故现场，当因抢救伤员和排险必须移动现场物品时，应做出标记。

（二）组织事故调查组

在接到事故报告后，单位领导应立即赶赴现场组织抢救，并迅速组织事故调查组开展调查工作。轻伤、重伤事故由企业负责人或其指定人员组织生产、技术和安全等部门及工会组成事故调查组进行调查。

（三）现场勘查

在事故发生后，事故调查组应迅速到现场进行勘查。现场勘查是技术性很强的工作，需要较高的专业知识水平和丰富的实践经验，对事故的现场勘察必须及时、全面、准确、客观。

（四）分析事故原因

（1）事故调查组要通过全面的调查，查明事故经过，弄清造成事故的原因，包括人、物、生产管理和技术管理等方面的问题，并经过认真、客观、全面、细致、准确的分析确定事故的性质和责任。

（2）事故调查组要按照事故分析步骤进行。在整理和仔细阅读调查材料后，按《企业职工伤亡事故分类》(GB 6441—86)附录 A，对受伤部位、受伤性质、起因物、致害物、伤害方法、不安全状态和不安全行为等内容进行分析，确定直接原因、间接原因和事故责任者。

（3）分析事故原因时，事故调查组应根据调查结果，从直接原因入手，逐步深入到间接原因。通过对直接原因和间接原因的分析，确定事故中的直接责任者和领导责任者，再根据其在事故发生过程中的作用确定主要责任者。

（五）制订预防措施

根据对事故原因的分析，制订防止类似事故再次发生的预防措施。同时，根据事故后果和事故责任者应负的责任，提出处理意见。对于重大未遂事故不可掉以轻心，也应严肃认真地按照上述要求查明原因、分清责任、严肃处理。

（六）完成调查报告

事故调查组应着重把事故发生的原因、经过、责任分析和处理意见，以及本次事故的教训和改进工作的建议等内容汇总成报告，并经事故调查组全体人员签字后报批。如果事故调查组的内部意见存在分歧，应在查明事实的基础上，对照法律法规进行研究，形成统一认识。若个别组员仍持有不同意见，要允许保留，并在签字时写明其个人意见。

（七）事故的审理和结案

（1）事故调查处理结论，应经有关机关审批后方可结案。伤亡事故处理工作应当在 90 日内结案，特殊情况不得超过 180 日。

（2）事故案件的审批权限要与企业的隶属关系及人事管理的权限一致。

（3）对事故责任者的处理应根据其情节轻重和损失大小，分清责任归属以及应承担的责任类型（主要责任、次要责任、重要责任、一般责任、领导责任等），按规定给予处分。

（4）要把事故调查处理的文件、图纸、照片和资料等记录长期、完整地保存起来。

三、安全事故的预防

为了切实搞好安全生产，预防安全事故的发生，应做到以下七个方面。

（一）改进生产工艺，实现机械化、自动化

随着科学技术的发展，建筑企业要不断改进生产工艺，加快实现机械化、自动化促进生产力的发展，提高安全技术水平，从而大幅度减轻工人的劳动强度，保证职工的安全和健康。

（二）设置安全装置

1）防护装置

防护装置就是用屏护方法与手段把人体与生产活动中出现的危险部位隔离开来的设施和设备。在施工活动中，危险部位主要指"四口"（楼梯口、电梯井口、预留洞口、通道口）、机具、车辆、暂设电器、高温、高压容器及原始环境中遗留下来的不安全因素等。目前市场上的防护装置种类繁多,企业在采购时应选择严密的安全防护装置。

2）保险装置

保险装置是指在非正常操作和运行中,机械设备能够自动控制和消除危险的设施设备。也可称其为保障设施设备和人身安全的装置。如锅炉、压力容器的安全阀,供电设施的触电保安器和各种提升设备的断绳保险器等。

3）信号装置

信号装置是利用人的视、听觉反应原理制造的装置,以应用信号指示或警告施工人员。信号装置本身并无排除危险的功能,仅用于提示施工人员注意某些危险,让其遇到不安全状况时可以立即采取有效措施或采取预防措施脱离危险区。因此,它的效果往往取决于施工人员的注意力和识别信号的能力。

4）危险警示标志

危险警示标志是指警示工人进入施工现场应注意或必须做到的统一措施,通常以简短的文字或明确的图形符号提示,如"禁止烟火!""危险!""有电!"等。各类图形的颜色通常以红、蓝、黄、绿色为主:红色表示危险禁止,蓝色表示指令,黄色表示警告,绿色表示安全。国家颁布的《安全标志及其使用导则》(GB 2894—2008)对保证安全生产起到了促进作用,施工现场必须按标准实施。

（三）预防性的机械强度试验和电器绝缘检验

1）预防性的机械强度试验

施工现场的机械设备,特别是自行设计组装的临时设施和各种材料、构件、部件,均应进行机械强度试验。必须在满足设计和使用功能的条件下,方可投入正常使用。部分机械设备还需定期或不定期地进行试验,如施工用的钢丝绳、钢材、钢筋、机件及自行设计的吊篮架、外挂架子等,且在使用前必须做能确保施工安全有效的承载试验。

2）电器绝缘检验

电设备的绝缘与否不仅关系到电业人员的安全,也关系到整个施工现场财产、人员和设施。由于目前大多数施工现场都实行多工种联合作业,所使用的电设备工种不断增多,因此更应重视电器的绝缘问题。为了及时发现隐患、消除危险源,应在施工前、施工中、施工后,均对电器绝缘性进行检验。

（四）机械设备的维修保养和有计划的检修

随着施工机械化的发展,各种先进的大、中、小型机械设备相继进入工地。但由于建筑施工要经常变化施工地点和条件,机械设备不得不经常拆卸、安装。因此,要保持机械设备的良好状态,提高机械设备的使用期限和效率,有效地预防事故,就必须经常进行机械设备的维修保养。

1）机械设备的维修和保养

各种机械设备是根据不同的使用功能设计生产出来的,除一般要求外,还有特殊要求。即严格坚持机械设备的维护保养规则,按照其操作过程进行保养,在使用后需及时加油清洗,以减少磨损、确保正常运转、尽量延长寿命,从而提高完好率和使用率。

2）机械设备的计划检修

为了确保机械设备的正常运转,对各类机械设备均应建立档案(租赁的设备由设备产权单位建档),以便及时地按每台机械设备的具体情况进行定期的大、中、小修。在检修中,要严格遵守规章制度、安全技术规定、先检查后使用的原则,绝不允许为了赶进度而违章指挥、违章作业,不能让机械设备"带病"工作。

(五)文明施工

目前,开展文明安全施工活动,已成为各级政府及主管部门对企业进行考核的重要指标之一。一个施工现场如果做到整体规划有序、平面布置合理、临时设施整洁划一、原材料和结构配件堆放整齐、各种防护齐全有效、各种标志醒目、施工生产管理人员遵章守纪,那么该施工企业一定会获得较大的经济效益、社会效益和环境效益。

(六)合理使用劳动保护用品

劳动保护用品是指劳动者在生产过程中为免遭或者减轻人身伤害和职业危害所配备的防护装备。适时地供应劳动保护用品,是在施工生产过程中预防事故、保护工人安全和健康的辅助手段。它虽不是主要手段,但在一定的地点、时间条件下却能起到不可估量的作用。因此,统一采购、妥善保管、正确使用防护用品,也是预防事故、减轻伤害程度不可缺少的措施之一。

(七)普及安全技术知识教育

随着改革开放的深入,大量富余的农村劳动力以各种形式进入了施工现场,从事其不熟悉的工作。由于这部分人中的大多数都缺乏建筑施工安全知识,因此绝大多数事故也发生在他们身上。故而,如果能从招工审查、技术培训、施工管理和行政生活上严格对农民工加强民主管理,事故则可减少,从而挽救生命。所以,这是预防安全事故的一个重要方法。

第六节 项目施工安全生产标准化

安全生产标准化是指通过建立安全生产责任制,制定安全管理制度和操作规程,排查治理隐患,监控重大危险源,建立预防机制,规范生产行为,使各生产环节符合有关安全生产法律法规和标准规范的要求,从而保证人(人员)、机(机械)、料(材料)、法(工法)、环(环境)、测(测量)处于良好生产状态,并持续改进,不断加强企业安全生产规范化建设。本节主要介绍了安全生产标准化的内涵和一般要求。

一、安全生产标准化内涵

安全生产标准化体现了"安全第一、预防为主、综合治理"的方针和"以人为本"的科学发展观,强调企业安全生产工作的规范化、科学化、系统化和法制化,强化风险管理和过程控制,注重绩效管理和持续改进,符合安全管理的基本规律。

可以说,安全生产标准化代表了现代安全管理的发展方向,是先进安全管理思想与我国传统安全管理方法、企业具体实际的有机结合,可以有效提高企业安全生产水平,从而推动我国安全生产状况的改善。

二、安全生产标准化一般要求

(一)原则

企业开展安全生产标准化工作,应遵循"安全第一、预防为主、综合治理"的方针,以隐患排查治理为基础,提高安全生产的水平,减少事故的发生,保障人身安全健康,保证生产经营活动的顺利进行。

（二）建立和保持

企业安全生产标准化工作,要采用"策划、实施、检查、改进"的动态循环模式,依据本标准的要求,结合自身特点,建立并保持安全生产标准化系统。同时,通过自我检查、自我纠正和自我完善,建立安全绩效持续改进的安全生产长效机制。

（三）评定和监督

（1）企业安全生产标准化工作实行企业自主评定、外部评审的方式。

（2）企业应当根据本标准和有关评分细则,对本企业开展安全生产标准化工作情况进行评定,自主评定后申请外部评审定级。

（3）安全生产标准化评审分为一级、二级和三级,其中一级为最高级。

（4）安全生产监督管理部门对评审定级进行监督管理。

第七节　项目施工安全文化建设

根据企业内外部安全管理环境及实际需要制订安全文化发展战略及计划,从而保证企业在安全文化建设中的主动性,并塑造更为可行的适合企业安全发展需要的安全文化体系。本节主要介绍了安全文化建设的实施办法、文化传播、经验与途径及评价因素。

一、实施办法

（1）召开企业安全文化启动大会,颁布企业安全文化大纲。

（2）用文化理念改变企业制度。

（3）编制企业员工文化手册,规范员工行为。

二、文化传播

（1）培养企业安全文化骨干。

（2）组建宣传网络,建设文化载体。

（3）宣传先进模范人物。

（4）通过企业安全文化活动进行传播。

（5）通过广告、新闻和有奖征答等活动进行传播。

（6）组织公益活动、展览、展销会和接待参观活动进行传播。

三、经验与途径

（1）领导重视。主管领导是安全文化建设的第一责任人,不仅抓规划、计划,也要抓执行。

（2）组织保证。安全文化建设有专门的研究机构和执行机构,并且有规范的运行机制。

（3）规划保证。安全文化建设是企业有计划的战略行为,而不是一种临时行为。

（4）教育保证。从决策层到管理层及员工层,都有一个观念更新的教育过程。

（5）物质保证。提供必要的物质条件,有专门的预算。

(6) 主要途径。通过员工队伍建设和生产经营活动促进企业安全文化建设。

四、评价因素

(一)措施

(1) 确定评价的因素集合,并给出各因素的评价等级,从而对照企业的现状,以更好地判断企业安全文化当前所处的状态或发展阶段。

(2) 衡量安全文化。其中,每个衡量的方面都可看成某一因素,而某一因素又可代表安全文化的一个特征。

(二)衡量因素

目前,对于安全文化的衡量因素应包含哪些内容的研究尚未有确切的定论。笔者选取韦格曼等人在分析了大量评价系统的基础上总结出的关于安全文化的五个评价因素,其主要内容包括以下几个方面。

1) 组织承诺

指企业组织的高层管理者对安全所表明的态度。组织的高层领导需将安全作为组织的价值核心和指导原则。因此,组织承诺必须反映出高层管理者的积极态度,以更有效地激发全体员工持续改善安全的能力。

2) 管理参与

指高层和中层管理者积极参与组织内部的关键性安全活动。高层管理者和中层管理者需实时参加安全运作,并注重与一般员工进行关于安全理念的交流,以表明管理层对安全态度的重视,从而在更大程度上促使员工自觉遵守安全操作规程。

3) 员工授权

指组织有一个良好的予以员工安全文化的授权,且确定全体员工都十分明确个体对安全的关键性作用。授权是指将高层管理者的职责和权力以下级员工的个人行为、观念或态度表现出来。

4) 奖惩系统

指组织需要建立一个公正的评价和奖惩系统,以促进安全行为,从而抑制或改正不安全行为。安全文化是组织的重要组成部分,是内部的行为准则。在安全文化这一准则下,需要评价安全和不安全行为,并按照评价结果给予公平、一致的奖励或惩罚。

5) 报告系统

指组织内部建立的,可行之有效地对安全管理所存在的薄弱环节,在事故发生前便可被识别并由员工向管理者上报的系统。从某种意义上来说,一个真正的安全文化要建立在"报告文化"的基础上,有效的报告系统是安全文化的中流砥柱。在工伤事故发生前,组织就能积极有效地通过意外事件和险肇事故取得经验并改正不合理的运作方式,这对提升安全文化建设来说至关重要。

第五章

施工项目质量控制措施

本章论述了施工项目质量控制的内容、方法,在分析工程质量问题并提出解决措施的基础上阐述了工程质量验收备案与回访保修的内容,同时介绍了质量管理体系的建立与运行。

第一节　施工项目质量控制内容

本节分别介绍了施工准备、施工、交工验收三个阶段中施工项目质量控制的内容。

一、施工准备阶段的质量控制

施工准备是为了保证施工生产正常运行而必须事先做好的工作。施工准备工作不仅要在工程开工前完善,而且要贯穿整个施工过程。

（一）研究和会审图纸及技术交底

通过研究和会审图纸,不仅可以广泛听取使用人员、施工人员的正确意见,弥补设计上的不足,提高设计质量,还可以使施工人员了解设计意图、技术要求和施工难点,为保证工程质量打好基础。

（二）施工组织设计

施工组织设计是指导施工准备和组织施工的全面性技术经济文件。对施工组织设计的控制,主要有两个方面。

（1）选定施工方案后,在制订施工进度计划时,必须考虑到其施工顺序、施工流向、主要分部分项工程的施工方法、特殊项目的施工方法和技术措施能否保证工程质量。

（2）在制订施工方案时,必须进行技术经济比较,使建筑工程满足符合性、有效性和可靠性的要求,以实现施工工期短、成本低、安全生产、效益好的经济质量。

（三）物资准备

要检查原材料、构配件是否符合质量要求以及施工机具是否可以进入正常运行状态。

（四）劳动力准备

判定劳动力准备完善与否的内容主要包括:施工力量的集结能否进入正常的作业状态,特殊工种及缺门工种的培训是否具备应有的操作技术和资格,劳动力的调配、工种间的搭接能否为后续工种创造合理、足够的工作条件。

二、施工阶段的质量控制

按照施工组织设计总进度计划编制具体的月度计划、分项工程施工作业计划和相应的质量计划。控制材料、机具设备、施工工艺、操作人员和生产环境等影响质量的因素,以保证建筑产品总体质量处于稳定状态。

(一)施工工艺的质量控制

施工项目应编制"施工工艺技术标准",以规定各项作业活动和各道工序的操作规程、作业规范要点、工作顺序和质量要求。其内容应预先向操作者进行交底,并要求认真贯彻执行。对关键环节的质量、工序、材料和环境应进行验证,使施工工艺的质量控制符合标准化、规范化和制度化的要求。

(二)施工工序的质量控制

施工工序质量控制的最终目的是要保证稳定地生产合格产品。要实现施工工序的质量控制就必须做到以下几点。

(1)控制好影响施工质量的人、材料、机具、方法和环境这五个因素,使工序质量的数据波动处于被允许的范围内。

(2)通过工序检验等方式,准确判断施工工序质量是否符合规定的标准以及是否处于稳定状态。

(3)在出现偏离标准的情况下,应分析产生偏差的原因,并及时采取措施,使之处于被允许的范围内。

(4)对于直接影响质量的关键工序、对下道工序有较大影响的上道工序、质量不稳定且容易出现不良品的工序、用户反馈意见不好和过去有过返工的不良工序,要设立工序质量控制(管理)点。

(5)对施工质量有重大影响的工序,要对其操作人员、机具设备、材料、施工工艺、测试手段和环境条件等因素进行分析与验证,并进行必要的控制。同时,做好验证记录,以便向业主证实工序是否处于受控状态。

(三)人员素质的控制

定期对职工进行规程、规范、工序、工艺、标准、计量和检验等基础知识的培训,加强质量管理和质量意识的教育。

(四)设计变更与技术复核的控制

加强对施工过程中提出的设计变更的控制。重大问题须经业主、设计单位和施工单位三方同意,由设计单位负责修改,并向施工单位签发设计变更通知书。对建设规模、投资方案等有较大影响的变更,须经原批准初步设计的单位同意,方可进行修改。所有设计变更资料均需有文字记录,并按要求归档。对重要的或影响全局的技术工作,必须加强复核,避免发生重大差错,影响工程质量。

三、交工验收阶段的质量控制

(一)工序间交工验收工作的质量控制

在施工过程中,往往会出现上道工序的质量成果被下道工序所覆盖、分项或分部工程质量成果被后续的分项或分部工程所掩盖的情况。因此,要对施工全过程的分项与分部施工的各工序进行质量控制。

（二）竣工交付使用阶段的质量控制

单位项目或单项项目竣工后，由施工项目的上级部门严格按照设计图纸、施工说明书及竣工验收标准，对项目的施工质量进行全面鉴定并评定等级，作为竣工交付的依据。项目进入交工验收阶段应有计划、有步骤、有重点地清理收尾工程工作，同时，通过交工前的预验收，找出疏漏和需要修补的地方，并及早安排施工。

第二节 工程质量事故分析与解决措施

本节在全面分析了施工项目质量事故的基础上，提出了相应的解决措施。

一、工程质量问题的分析

造成工程质量事故的原因有很多：结构倒塌、倾斜、错位、不均匀或超量沉陷、变形、开裂、渗漏、破坏、强度不足和尺寸偏差过大等。其原因主要有九个方面：违反建设规律，对工程地质勘察不深入，对不均匀地基处理不当，设计与计算不精确，建筑材料及制品不合格，施工和管理问题，施工项目市场运行机制和诚信建设机制不协调，自然条件影响以及建筑结构使用问题。

二、工程质量事故的处理

施工项目实施的一次性，生产组织特有的流动性、综合性，劳动的密集型及协作关系的复杂性等，均导致了工程质量事故的复杂性、严重性、可变性及多发性。虽然工程质量事故很难完全避免，但是通过质量控制系统和质量保证活动，往往都能对事故的发生起到防范作用，以控制事故进一步恶化，将危害程度减小到最低限度。

（一）工程质量事故的处理程序

（1）出现工程质量缺陷或事故后，应停止对有缺陷或有质量问题的部位及其下道工序进行施工，必要时还应采取适当的防护措施。

（2）调查工程质量事故，要做到明确事故的范围、缺陷程度、性质、影响和原因，为事故的分析处理提供依据，调查力求全面、准确、客观。

（3）要在事故调查的基础上分析事故原因，以尽可能地保证判断的正确性。分析事故原因是确定事故处理措施方案的基础，而正确的处理来源于对事故原因的正确判断。

（4）研究制订事故处理方案。事故处理方案的制订应以事故原因分析为基础。

（5）按确定的处理方案处理质量缺陷。无论质量事故是否由施工承包单位方所造成，对质量缺陷的处理通常都要由施工承包单位负责实施。

（6）在质量缺陷处理完毕后，应组织有关人员对处理结果进行严格的检查、鉴定和验收。

（二）确定工程质量事故的处理方案

处理工程质量事故必须分析原因，做出正确的处理决策。同时，要保证以充分的、准确的资料作为决策的基础和依据。处理一般的工程质量事故时，必须具备的资料包括与工程质量事故有关的施工图，与施工有关的资料、记录，事故调查分析报告，相关单位对事故的意见和要求,事故涉及的人员与主要责任者的情况等。

(三)工程质量事故的处理

工程质量事故处理方案应当在正确分析和判断事故原因的基础上进行。对于工程质量事故,通常可以根据事故原因,做出以下三类不同性质的处理方案。

1)修补处理

这是最常采用的一类处理方案。当工程某些部分的质量虽未达到规定的规范、标准或设计的要求,存在一定的缺陷,但经过修补后可以达到标准要求且不影响功能使用或外观要求时,可以做出修补处理的决定。

2)返工处理

当工程质量未达到规定的标准或要求,有明显的严重质量问题,对结构的使用和安全有重大影响,而又无法通过修补的办法纠正所出现的缺陷时,可以做出返工处理的决定。

3)不做处理

某些工程质量缺陷虽然不符合规定的要求或标准,但如果情况不严重,对工程或结构的使用及安全影响不大,可经过分析、论证和慎重考虑后,做出不专门处理的决定。

(四)工程质量事故处理的鉴定验收

工程质量事故的处理是否达到了预期目的、是否仍留有隐患,应通过检查鉴定和验收确认。事故处理的质量检查鉴定,应严格按照施工验收规范及有关标准的规定进行,必要时还应通过实际测量、试验和仪表检测等方法获取相关数据,以对事故的处理结果做出确切的检查结论和鉴定结论。

(五)施工项目市场运行机制和诚信建设机制不协调问题的处理方案

监管部门要实行动态抽查,即全过程巡查的工作制度。不仅如此,监管部门还要根据本地施工项目的特点和发展态势,来建立健全全方位的动态抽查工作制度,并采取"突出重点"的差别化监管措施和方法,以敦促工程建设单位、监理单位、实际施工单位自觉参与到施工项目质量的管理当中。监管部门的动态抽查工作制度主要有差别化监管方式、差别化监管企业、差别化监管环节和差别化监管人员四个方面的内容。

第三节　工程质量验收备案与回访保修

当前,我国已将工程质量监督工作的重点由工程质量等级评定转向了工程质量验收备案。本节在主要介绍工程竣工验收与备案管理相关依据、材料与规定的同时,介绍了建筑工程质量保修制度与回访制度的建立与实施。

一、工程质量验收备案概述

为了加强房屋建筑工程和市政基础设施工程质量的管理,根据《建设工程质量管理条例》,制定了中华人民共和国建设部第 78 号《房屋建筑工程和市政基础设施工程竣工验收备案管理暂行办法》,适用于在中华人民共和国境内新建、扩建、改建各类房屋建筑工程和市政基础设施工程的竣工验收备案。

（一）工程质量验收备案的依据

工程质量验收备案的依据有《建设工程质量管理条例》、中华人民共和国建设部令第 78 号《房屋建筑工程和市政基础设施工程竣工验收备案管理暂行办法》和《建筑工程施工质量验收统一标准》（GB 50300—2013）。

（二）竣工验收备案需提交的材料

竣工验收备案需提交的材料共二十二项，包括工程竣工验收通知书，单位工程竣工报告，规划许可证，施工许可证，设计审查批文（施工图纸审查报告、抗震设防审批许可证），规划备案通知书，公安、消防备案通知书，建设、勘察、设计、施工和监理等单位签署的质量合格文件，验收方案，验收程序，验收委员会签字表，工程竣工验收报告，观感评定验收表，整改通知书，整改报告，施工单位签署的工程质量保修书，房屋质量保证书，房屋使用说明书，档案初验合格证，档案合格证，工程款支付情况证明，工程竣工验收备案证书。

二、项目回访保修的重要意义

工程项目交工后的回访用户是一种"售后服务"方式，《建设工程质量管理条例》对建设工程保修期有明确的规定。施工企业通过建立和完善回访保修服务机制，贯彻"顾客至上"的服务宗旨，可以展示良好的自身形象。

（一）规范条例

《建设工程质量管理条例》第三十九条规定：建设工程实行质量保修制度。而实行工程质量保修制度，对于促进承包人加强工程施工质量管理、保护用户及消费者的合法权益起到了重要的保障作用。实施回访保修服务制度，要求承包人在工程交付使用后，在签署工程质量保修书的一定期限内，应对发包人和使用人进行工程回访，发现由施工原因造成的质量问题，承包人应负责工程保修，直到恢复正常使用，且回访行为要到建设工程质量保修期结束为止。

（二）项目回访保修的程序与工作方法

《建设工程项目管理规范》（GB/T 50326—2017）18.1.1 中明确规定：工程收尾需包括工程竣工验收准备、工程竣工验收、工程竣工结算、工程档案移交、工程竣工决算、工程责任期管理。因此，承包人在工程责任期应做好回访保修工作。

（三）工程质量保修期

《建设工程项目管理规范》（GB/T 50326—2017）第 18.5.1 条规定：工程保修期是根据《建设工程质量管理条例》实施的一种质量保修制度，一般规定保修期在 5 年以上。

（四）工程保修责任

工程质量缺陷是产生工程质量保修的根源。进行工程质量保修，必须明确经济责任，尤其是由质量缺陷的责任方承担工程的保修经济责任。

（五）工程保险程序

房屋建筑工程在保修期限内出现质量缺陷，建设单位或者房屋建筑所有人应当向施工单位发出保修通知。施工单位接到保修通知后，应当到现场核查情况，在保修书约定的时间内予以保修。涉及结构安全的，应当报当地建设行政主管部门备案。

第四节　施工项目质量管理体系的建立与运行

为探讨进一步提高施工项目质量的管理水平,本节着重介绍了施工项目质量管理体系的建立与运行。

一、施工项目质量管理体系概述

(一)质量管理体系的概念

质量管理体系是指在质量方面指挥和控制组织的管理体系,由建立质量方针和目标以及实现该目标的相互关联或相互作用的要素两部分组成。它综合了影响质量的技术、管理人员和资源等因素,使之能在质量方针的指引下向同一目的,并为达到质量目标而相互配合、共同作用。

(二)施工项目质量管理体系的特征

1)系统性

建立施工项目质量体系,应根据工程项目质量的产生、形成和实现的运行规律,把能影响质量所有环节的技术、管理和人员等因素全部控制起来,即对工程产品形成的全过程以及各个过程中所有的质量活动都要进行分析、全面控制,以实现质量方针和质量目标。

2)预防性

建立施工项目质量体系,要突出"以预防为主"。要在每项活动开展前,设计好计划与程序,使质量活动处于受控状态,以将质量缺陷降到最低状态,把其在形成过程之中甚至之前就消灭掉,因为施工项目的质量并不能完全依靠事后的检查验证来作为保证。

3)经济性

施工项目质量体系的建立与运行既要满足用户的需要,也要考虑企业的利益。圆满地解决企业和用户双方的风险、费用和利益,使质量体系的效果最优化。

4)适用性

建立施工项目质量体系必须要结合工程对象、施工工艺特点等情况,选择恰当的体系要素。同时,要在工程质量保证的程度和范围基础上,使质量体系具有可操作性、适用性、有效性。

(三)施工项目质量体系的原理和原则

1)质量环

质量环是指在产品生产全过程中,影响质量相互作用活动的概念模式。在工程项目质量形成的全过程中,质量环有以下八个阶段:任务承接、施工准备、材料采购、施工生产、试验与检验、功能试验、竣工交验、回访与保修。

2)工程项目质量体系结构

工程项目质量体系结构复杂,而工程项目经理是工程质量的第一负责人,应对工程质量方针与质量目标的制定以及质量体系的建立和有效运转全面负责。工程项目质量体系结构主要有质量责任与权限、组织机构、资源与人员、工作程序、质量体系文件、质量体系审核、质量体系的评审和评价七个环节。

二、质量管理体系的建立、实施与认证

（一）质量管理体系的建立与实施

按照 2015 版 ISO9000 族标准建立或更新完善质量管理体系的程序。通常包括组织策划与总体设计、质量管理体系的文件编制、质量管理体系的实施运行三个阶段。

1）质量管理体系的组织策划与总体设计

ISO9000 族标准的引言中指出，一个组织质量管理体系的设计和实施受各种需求、具体目标、所提供产品、所采用的过程以及该组织的规模和结构的影响，统一质量管理体系的结构或文件不是本标准的目的。

在实际操作过程中，最高管理者应确保对质量管理体系的策划，以满足组织确定的质量目标及质量管理体系的总要求。在策划和实施质量管理体系的变更时，应保持管理体系的完整性。同时，通过对质量管理体系的策划，确定建立质量管理体系要采用的过程方法模式，从组织的实际出发进行体系的策划和实施，明确是否有裁剪的需求，并确保其合理性。

2）质量管理体系文件的编制

质量管理体系文件的编制应在满足标准要求、确保控制质量、提高组织全面管理水平的基础上，建立一套高效、简单、实用的质量管理体系文件。质量管理体系文件包括质量手册、质量管理体系程序文件和质量记录等。

（二）质量认证

质量认证是指第三方依据程序对产品、过程或服务符合规定的要求，给予书面保证（合格证书），包括产品质量认证和质量管理体系认证两方面。近年来，随着经济的发展，质量认证制度得到了世界各国的普遍重视。供应方通过一个公正的第三方认证机构对产品或质量管理体系做出正确、可信的评价，从而建立起需求方对产品质量的信心。可以说，质量认证制度对促进供需双方以及整个社会经济的发展有着非常重要的意义。

一般来说，质量管理体系认证的实施程序是：提出申请，认证机构进行审核、审批与注册发证获准认证后的监督管理、申诉。

三、质量管理体系的运行

保证质量管理体系的正常运行和持续有效，不仅是企业和项目管理的一项重要任务，还是质量管理体系发挥实际效能、实现质量目标的主要阶段。质量体系的运行是执行质量体系文件、实现质量目标、保持质量体系持续有效且不断优化的过程。要让质量体系实现有效运行，体系组织机构必须完成组织协调、质量监督、信息反馈、质量体系审核等步骤。

第六章

施工项目成本控制

本章详细地介绍了施工项目中成本控制的措施与方法。

第一节　施工项目成本控制概述

目前我国建筑行业竞争日益激烈,施工项目的利润空间越来越小,对此,施工项目企业要实行更有效的成本控制才能谋求更大的效益。加强项目成本控制管理研究,对提高企业竞争力、提升企业收益水平具有很强的现实意义。本节概括性地描述了施工项目成本控制的相关概念。

一、施工项目成本的概念

施工项目成本是指施工项目企业以施工项目作为成本核算对象的施工过程中,所耗费的生产资料转移价值和劳动者必要劳动价值的货币形式。施工项目成本不包括劳动者为社会所创造的价值(如税金和计划利润),也不包括不构成施工项目价值的一切非生产性支出。施工项目成本是施工企业的主要产品成本,一般以施工项目的单位工程作为成本核算对象,通过综合各单位工程的成本核算来反映施工项目成本。

二、施工项目成本控制的概念

施工项目成本控制是指项目经理部在项目成本形成的过程中,为控制人、机、材的消耗和费用支出降低工程成本以达到预期的项目成本目标所进行的成本预测、计划、实施、核算、分析、考核,以及整理成本资料与编制成本报告等一系列活动。

三、施工项目成本的主要形式

为了明确认识和掌握施工项目成本的特性,做好成本管理,根据施工项目管理的需要,可从不同角度将施工项目成本划分为不同形式。按费用目标划分,可将施工项目成本分为生产成本、质量成本、工期成本和不可预见成本。

四、施工项目成本的构成

施工项目在施工中所发生的全部生产费用构成了施工项目的成本,如:消耗材料、构配件、周转材料的摊销费或租赁费,施工机械的台班费或租赁费,支付给生产工人的工资、奖金以及项目经理部级为组织和管理工程施工所发生的全部费用支出等。明确施工项目成本的构成,对施工项目成本的计划管理和控制有着重要作用,包括直接成本和间接成本。

五、施工项目成本控制的程序

《建设工程项目管理规范》(GB/T 50326—2017)11.3.2 中规定了成本控制应遵循的基本程序。

(1)确定项目成本管理分层次目标。

(2)采集成本数据,监测成本形成过程。

(3)找出偏差,分析原因。

(4)制订对策,纠正偏差。

(5)调整改进成本管理方法。

六、施工项目成本控制的内容

施工项目成本控制的内容一般包括七个环节,分别是成本预测、成本决策、成本计划、成本控制、成本核算、成本分析和成本考核。

(一)成本预测

成本预测是实现成本管理的重要手段。管理者必须认真做好成本预测工作,以便在日后的施工活动中对成本指标进行有效的控制,努力实现制定的成本目标。

(二)成本决策

项目经理部要根据成本预测情况,经过科学的分析与认真的研判,决策出施工项目的最终成本。

(三)成本计划

成本计划是进行成本控制的依据,指以货币化的形式编制施工项目在计划工期内的费用、成本水平、降低成本的措施与方案。成本计划的编制要符合实际并留有一定的余地。成本计划一经批准,其各项指标就可以作为成本控制、成本分析和成本考核的依据。

(四)成本控制

成本控制是加强成本管理和实现成本计划的重要手段。无论成本计划得多科学,如果不加强控制力度,也难以保证成本目标的实现。因此,施工项目的成本控制应贯穿施工项目的整个过程,根据实际情况制订方案。

(五)成本核算

成本核算是指对施工项目所发生的费用支出和工程成本形成的核算。项目经理部应认真组织成本核算工作。成本核算提供的费用资料是成本分析、成本考核、成本评价以及成本预测和决策的重要依据。

(六)成本分析

成本分析是指通过分析、评价施工项目实际成本,以指明往后的成本预测和降低成本的努力方向。成本分析要贯穿于施工项目的全过程。

(七)成本考核

成本考核是指对成本计划执行情况的总结和评价。建筑施工项目经理部应根据现代化管理的要求,建立健全成本考核制度,定期对各部门完成的成本计划指标进行考核、评比,并把成本管理经济责任制和经济利益结合起来,通过成本考核有效地调动职工的积极性,为降低施工项目成本、提高经济效益做出贡献。

七、降低施工项目成本的主要途径

降低施工项目成本的途径是指降低建筑安装工程施工中活劳动和物化劳动的消耗。但由于施工项目竣工后需根据预算总价值来结算,因此,偏低的施工项目成本预算会直接影响企业的成本降低额。而要降低施工项目成本,一定要注意八个方面:认真审查图纸;加强管理合同预算,增加项目预算收入;合理组织施工,正确选择施工方案,提高经营管理水平;落实技术组织措施;提高劳动生产率;节约材料消耗;节约间接费用;保证施工质量,减少返工损失。

第二节　施工项目成本预测与核算

本节详细地介绍了施工项目成本控制的两个重要环节,即成本预测与成本核算。

一、施工项目成本预测

(一)施工项目成本预测的概念

成本预测是指对成本事前的预测分析,是对施工活动实行事前控制的重要手段,也是选择和实现最优成本的重要途径,主要具有科学性、近似性、局限性、特殊性的特征,分为投标决策、编制成本计划前、成本计划执行中三个种类。其作用主要体现在三个方面。

(1)成本预测是进行成本决策和编制成本计划的基础。

(2)成本预测为选择最佳成本方案提供了科学依据。

(3)成本预测是挖掘内部潜力和加强成本控制的重要手段

(二)施工项目成本预测的要求

成本预测是一项十分复杂的工作,涉及面广,需要的数据资料多。为了做好成本预测工作,一般应遵循考虑经济效益、与改进施工技术组织措施相结合、准确可靠三个要求。

(三)施工项目成本预测的方法

1)基本方法

根据成本预测的内容和期限,可将成本预测的基本方法分为定性分析法和定量分析法。其中,定量分析法包括外推法与因果法。

2)两点法

两点法是一种较为简便的统计方法。按照选点的不同,可分为高低点法和近期费用法。

3)最小二乘法

最小二乘法是指采用线性回归分析寻找一条直线,使该直线比较接近约束条件,用以预测总成本和单位成本的一种方法。

4)专家预测法

专家预测法是指依靠专家来预测未来成本的方法,一般分为个人预测和会议预测两种。这种预测值的准确性取决于专家知识和经验的广度和深度。

二、施工项目成本核算

（一）施工费用的分类

项目经理部在施工经营活动中会发生各种施工费用,财务会计部门应对这些施工费用进行归集、汇总和分配。为了正确地区分各种施工费用的性质、用途及特点,加强控制和监督施工费用的合理支出,正确归集、分配施工费用和计算施工项目成本,必须对施工费用进行科学的分类。

1）施工费用按经济性质分类

按经济性质分类,施工费用应分为物化劳动费用和活劳动费用两部分。在实际工作中,为了满足成本管理的需要,往往会把施工费用分为若干要素费用。施工费用要素一般包括工资、职工福利费、外购材料费、外购动力费、折旧费、修理费、租赁费、税金和其他支出等。

2）施工费用按计入工程成本的方法分类

施工费用按其计入工程成本的方法分类,一般可以分为直接费用和间接费用。对于各项直接费用的支出,在原始凭证上必须明确指出应归哪一项工程负担;对于间接费用的支出,在原始凭证上必须指明发生的地点、用途和受益对象,以便选择合理、简便的分配标准,正确地摊入各项施工项目成本。

（二）施工项目成本核算的任务和要求

1）施工项目成本核算的任务

（1）先决前提和首要任务:执行国家有关成本的开支范围、开支标准、工程预算定额以及企业施工预算、成本计划的有关规定,控制费用,促使项目合理节约地使用人力、物力和财力。

（2）主体和中心任务:正确及时地核算施工过程中发生的各项费用,计算施工项目的实际成本。

（3）根本目的:反映和监督施工项目成本计划的完成情况,为项目成本预测以及参与施工项目生产、技术和经营决策提供可靠的成本报告和有关资料,改善项目经营管理,降低成本,提高经济效益。

2）施工项目成本核算的要求

（1）划清成本、费用支出和非成本费用支出的界限。

（2）正确划分各种成本、费用的界限。

（三）施工项目成本核算的对象、组织和程序

1）施工项目成本核算的对象

施工项目成本核算的对象是指进行施工项目成本核算时,应选择什么样的施工项目为对象,并以此来归集施工费用并确定实际成本。按单位施工来核算实际成本,便于与施工项目预算成本进行比较,便于成本控制,便于检查施工项目预算成本的执行情况,便于评价施工方案的经济效果,便于查明成本升降原因等。

施工项目成本核算的对象确定后,项目经理部及各有关部门必须共同执行,不得任意变更。所有的原始记录和核算资料都必须按照确定的成本核算对象填写清楚,以便归集和分配施工费用,保证成本核算的准确性。

2）施工项目成本核算的组织

施工项目成本核算的组织一般实行公司和项目经理部分别核算体制,并以项目经理部核

算为主,这种核算方式被称为两级核算。实行两级核算的企业,公司是独立的经济核算单位,负责全面领导所属单位的施工项目成本核算和成本控制工作,同时指导所属单位建立和健全成本管理制度,对施工项目成本进行预测和编制成本计划,从而控制和核算公司本身的管理费用。

3) 施工项目成本核算的程序

施工项目成本核算的程序是指施工企业及其所属项目经理部在成本核算过程中应遵循的一般次序和步骤。按成本核算内容的详细程度,可分为施工项目成本的总分类核算程序和施工项目成本的明细分类核算程序两类。

第三节 施工项目的成本控制方法

借助科学合理的方法来实现构建与完善施工项目成本管理机制,是目前施工项目行业发展的必要途径。本节主要介绍了施工项目的成本控制方法。

一、以施工图预算控制成本支出

在施工项目的成本控制中,可按施工图预算,实行"以收定支"(或称"量入为出")是最有效的方法之一,具体的处理方法主要体现在:对工费、材料费、周转设备使用费和施工机械使用费这四个方面的控制上。

二、以施工预算控制人力资源和物质资源的消耗

资源消耗数量的货币表现就是成本费用。因此,减少资源消耗就等于节约成本费用;而控制了资源消耗,也就等于控制了成本费用。

(一)内容

以施工预算控制资源消耗的实施步骤和方法主要有四个方面。

1) 编制施工预算

项目开工前,应根据设计图纸计算工程量,并按照企业定额或上级统一规定的施工预算定额编制整个工程项目的施工预算,同时作为指导和管理施工的依据。如果是边设计边施工的项目,则分阶段编制施工预算。

2) 重视施工任务单和限额领料单

对生产班组的任务安排,必须签发施工任务单和限额领料单,并向生产班组进行技术交底。施工任务单和限额领料单的内容应与施工预算完全相符,不允许篡改施工预算,也不允许有定额不用而另行估工。

3) 做好原始记录

在施工任务单和限额领料单的执行过程中,要求生产班组根据实际完成的工程量和实耗人工、实耗材料做好原始记录,并将此作为施工任务单和限额领料单结算的依据。

4) 支付酬劳

任务完成后,根据回收的施工任务单和限额领料单进行结算,并按照结算内容支付报酬(包括奖金)。一般情况下,绝大多数生产班组能按质按量提前完成生产任务。因此,施工任务

单和限额领料单不仅能控制资源消耗,还能促进班组全面完成施工任务。

(二)措施

(1)为了保证施工任务单和限额领料单结算的正确性,必须认真检查施工任务单和限额领料单的执行情况。

(2)为了便于在任务完成后进行施工任务单、限额领料单这两个项目与施工预算的逐项对比,要在编制施工预算时,做到对每一个分项工程工序名称统一编号。

(3)在签发施工任务单和限额领料单时,要按照施工预算的统一编号对每一个工程工序名称进行编号,以便对号检索对比和分析节超。

(4)考虑到施工任务单和限额领料单的数量较多,对比分析的工作量很大,因此可以使用计算机来代替人工操作(对分项工程工编号,可为应用计算机创造条件)。

三、应用成本与进度同步跟踪的方法控制分部分项工程成本

长期以来,计划工作都被认为是为了安排施工进度和组织流水作业而提高服务的,与成本控制的要求和管理方法截然不同。实际上,成本控制与计划管理、成本与进度这两者间有着必然的同步关系,即施工阶段应该与产生的成本费用相对应。如果成本与进度不对应,就要将此作为"不正常现象"进行分析,找出原因,并予以纠正。

为了便于在分部分项工程的施工中同时控制进度与费用,并掌握进度与费用的变化过程,可以按照横道图和网络图的特点分别进行处理。

四、建立项目月度财务收支计划制度

项目月度财务收支计划制度的内容有以下几个方面。

(1)以月度施工作业计划为龙头,并以月度计划产值为当月财务收入计划,同时由项目各部门根据月度施工作业计划的具体内容编制本部门的用款计划。

(2)项目财务成本员应汇总各部门的月度用款计划,并按照用途的轻重缓急平衡调度,同时提出具体的实施意见,经项目经理审批后执行。

(3)在月度财务收支计划的执行过程中,项目财务成本员应根据各部门的实际用款做好记录,并于下月初反馈给相关部门,同时由各部门自行检查分析节超原因,吸取经验教训。对于节超幅度较大的部门,应将书面分析报告分别送项目经理和财务部门,以便于项目经理和财务部门采取针对性措施。

五、建立项目成本审核签证制度,控制成本费用支出

企业引进项目成本审核签证制度后,对内或对外的所有经济业务都要与项目直接对口。在涉及经济业务时,首先要由有关项目管理人员审核,最后经项目经理签证后才可支付,这是项目成本控制的重点。其中,关于有关项目管理人员的审核尤为重要,因为这些是最熟悉其分管业务的人员,所以做出的审核具有一定的权威性。

六、加强质量管理,控制质量成本

质量成本是指项目为保证和提高产品质量而支出的一切费用以及未达到质量标准而产生的一切损失费用之和。质量成本主要包括控制成本和故障成本两个方面:控制成本包括预防

成本和鉴定成本,属于质量保证费用,与质量水平成正比关系,即工程质量越高,鉴定成本和预防成本就越大;故障成本包括内部障成本和外部故障成本,属于损失性费用,与质量水平成反比关系,即工程质量越高,故障成本就越低。控制质量成本,首先要从质量成本核算开始,其次是质量成本分析和质量成本控制。

第七章

施工项目进度控制措施

施工项目进度控制是指在既定的工期内编制出最优的施工进度计划,并在执行该计划的施工过程中,经常检查施工实际进度情况,同时将其与计划进度相比较;若出现偏差,则分析产生偏差的原因和对工程总工期的影响程度,制订必要的调整措施,修改原定的计划安排,不断地如此循环;对项目管理过程中的重难点及关键工序采取有效的控制措施,加强多层面的协同管理,直至工程最后进行竣工验收为止的整个施工控制过程。本章主要阐述了施工项目进度控制的相关概念与措施。

第一节 施工项目进度控制概述

本节阐述了施工项目进度控制的含义、目的、任务、作用、原理、影响因素、目标体系等,是对施工项目进度控制的概述。

一、进度控制的目的和任务

(一)目的

施工项目进度控制的最终目的是确保施工项目按规定的时间动用或提前交付使用,而施工项目进度控制的总目标是施工工期。

(二)任务

施工项目管理有多种类型,代表不同方(业主方和参与项目的各方)利益的施工项目管理者有不同的进度控制任务,这主要体现在其控制的目标和时间范畴不相同。不同方的施工项目进度控制任务有以下几个方面。

(1)业主方施工项目进度控制的任务是控制整个项目实施阶段的进度,包括设计准备阶段的工作进度、设计工作进度、施工进度、物资采购工作进度以及项目启动前准备阶段的工作进度。

(2)设计方施工项目进度控制的任务是依据设计任务委托合同对设计工作进度的要求控制设计工作进度,这是设计方履行合同的义务。另外,设计方还应尽可能地使设计工作的进度与招标施工和物资采购等工作进度相协调。

(3)施工方施工项目进度控制的任务是依据施工任务委托合同对施工进度的要求控制施

工工作进度,这是施工方履行合同的义务。在编制进度计划时,施工方应根据项目的特点和施工进度的需要,编制不同深度的、具有控制性的计划去直接指导施工项目进度,同时还应按不同计划周期来编制不同计划,如年度计划、季度计划、月度计划和旬计划等。

(4) 供货方施工项目进度控制的任务是依据供货合同对供货的要求控制供货工作进度,这是供货方履行合同的义务。供货进度计划应包括供货的所有环节,如采购、加工制造、运输等。

二、进度控制的意义和作用

为了更好地实现施工项目进度计划,必须通过进度控制来维持计划系统的正常工作状态。进度控制的意义和作用主要表现有三个方面。

(一) 适应施工的外部环境及内部因素的不确定性

在实施施工项目进度计划的过程中,不变是相对的,变是绝对的。因此,为了保证施工项目进度的目标和计划更符合实际情况,以适应外部环境和内部因素的变化,就必须要通过控制来及时了解环境变化的程度和原因,准确把握计划进度与实际进度的差异性,从而进行有效的调整和修正。

(二) 处理施工项目活动的复杂性

现代施工项目生产活动是一个庞大的系统工程,其规模和组织结构都非常复杂,存在着大量的组织协调工作。对此,进行施工项目进度控制是保证施工项目活动正常运行的必要手段。

(三) 解决管理失误的不可避免性

在施工项目活动中,参与施工项目的人员难免会出现一些差错和失误。对于企业来说,认识并纠正错误是体现施工管理水平提高、业务能力逐渐成熟的重要标志,而控制正是企业认识并纠正错误的有效途径。通过控制可以获得施工活动的反馈,及时认识错误并分析其原因,从而纠正错误。也就是说,施工项目进度控制是改进并完善计划工作、提高施工项目管理水平的有效手段。

三、施工项目进度控制的影响因素

不同的施工项目都有不同的施工特点,尤其对于较大和复杂的施工项目来说,往往都会因为工期较长而使施工进度受到较多因素的影响。因此,在编制、执行和控制施工项目进度计划时,必须充分认识和评估上述因素,从而克服其影响,使施工进度尽可能按计划进行。当实际与计划出现偏差时,应考虑相关的影响因素,分析产生偏差的原因。影响施工项目进度控制的主要因素有七个方面。

(一) 参与单位和部门因素

影响施工项目进度的单位和部门众多,包括建设单位、设计单位、总承包单位,以及施工单位上级主管部门、政府有关部门、银行信贷单位、资源物资供应部门等。因此只有做好相关单位的组织协调工作,才能有效地控制施工项目进度。

(二) 施工技术因素

影响施工项目进度的技术因素主要有低估施工项目的技术难度,采取的技术措施不当,对施工设计或施工问题的解决方法考虑不周,没有完全理解施工项目的设计意图和技术要求,缺乏应用新技术、新材料和新结构方面的经验,没有进行相应的科研实验以致盲目施工甚至出现质量缺陷等。

（三）施工组织管理因素

影响施工项目进度的施工组织管理因素主要有施工平面布置不合理以致出现相互干扰和混乱的现象、劳动力和机械设备选配不当以及流水施工组织不合理等。

（四）项目投资因素

影响施工项目进度的项目投资因素是指因资金问题而导致不能保证甚至影响施工项目进度的因素。

（五）施工项目设计变更因素

影响施工项目进度的施工项目设计变更因素主要有建设单位改变项目设计功能、项目设计图样的错误或变更等。

（六）不利条件和不可预见因素

在施工项目过程中，可能遇到洪水、地下水、地下断层、溶洞或地面深陷等不利的地质条件；也可能出现恶劣的气候条件、自然灾害、工程事故、工人罢工或战争等不可预见的事件。

（七）征地拆迁影响

地方政府没有及时提供施工用地、施工不能正常按计划实施等都将影响施工项目的进度。

四、施工项目进度控制的原理

通过上文对影响施工项目进度的七大因素的分析，笔者总结出了施工项目进度控制的六方面原理。

（一）动态控制原理

由于施工项目是在动态条件下实施的，引出其进度控制也是一个动态的管理过程。在实际施工过程中，无论施工项目进度计划有多么周密，它都是人的主观设想，会因突发情况的发生以及各种干扰因素和风险因素的作用而发生变化，使原定的进度计划难以执行。

因此，施工项目进度控制人员必须掌握动态控制原理，在执行计划过程中不断检查施工项目的实际进展，并将实际情况与计划安排进行对比，从中得出偏离计划的信息；然后在分析偏差及其产生原因的基础上，通过采取组织、技术、经济等措施，调整原计划，使施工项目正常实施。只有在施工项目进度计划的执行过程中不断检查和调整，才能保证施工项目进度得到有效控制。

（二）系统原理

1）施工项目进度计划系统

为了更好地控制施工项目进度计划，就要做到以下几点。

（1）编制施工项目的各种进度计划，其中包括施工项目总进度计划、单位工程进度计划、分部分项工程进度计划和季度和月（旬）作业计划。

（2）将几个分计划组成一个总的施工项目进度计划系统，并按对象的由大到小、作用的由宏观控制到具体指导、内容的由粗到细进行编制。

（3）编制施工项目计划时，要根据从总体计划到局部计划的思路，逐层分解计划控制目标，以保证总进度计划系统控制目标的实现和落实。

（4）在执行计划时，按目标控制从月（旬）作业计划逐层开始实施，从而实现对施工项目进度的整体控制。

2）施工项目进度实施的组织系统

施工项目进度实施组织的各级负责人，从项目经理、施工管理人员、班组长及其所属全体人员，组成了施工项目实施的完整组织系统。在施工项目进度实施的全过程中，各专业队伍都会遵照计划所规定的目标去努力完成每一个任务。施工项目经理和有关劳动调配、材料设备、采购运输等各职能部门，都要按照施工项目进度规定的要求进行严格管理，并落实和完成各自的任务。

3）施工项目进度控制的组织系统

施工项目进度控制的组织系统是保证施工项目进度得以实施的一个重要因素。施工项目进度控制的组织系统是指从总公司到项目部门，再到作业班组，都设有专门的职能部门或员工负责检查汇报和统计整理实际施工项目进度的资料，并通过比较分析施工项目计划进度后进行相应的调整。

在施工项目的实施过程中，不同层次的员工担有不同的进度控制职责，他们通过分工协作形成了一个纵横连接的施工项目进度控制组织系统。

（三）信息反馈原理

信息反馈是施工项目进度控制的依据。其主要有两个步骤。

（1）在实际施工过程中，施工项目进度先将信息反馈传达给控制施工项目进度的基层员工，由他们在分工的职责范围内加工，再将信息逐层向上反馈，直到主控制室。

（2）由主控制室整理统计各方面的信息，在比较分析后做出决策，调整进度计划，使其符合预定的工期目标。

综上可知，若不应用信息反馈原理不断地进行信息反馈，则无法实现施工项目进度计划的控制。换言之，施工项目进度控制的过程就是信息反馈的过程。

（四）弹性原理

对于施工项目进度计划来说，会对其造成影响的原因有很多，其中有的原因已被掌握。相关人员可以根据这些原因，通过统计经验估计出会在不同程度上给施工项目进度计划可能造成影响的原因，从而在确定进度目标时有效地实现目标的风险分析。

施工项目进度计划的编制者在具备了上述的知识和实践经验后，往往都会在编制施工项目进度计划时就留有余地，使施工项目进度计划具有弹性。这样做是为了在控制施工项目进度时，可利用这些弹性空间缩短有关工作的时间或者改变这些工作时间之间的搭接关系，使拖延进度的计划通过缩短时间的方法，仍达到预期的计划目标。

（五）封闭循环原理

项目的进度计划控制的全过程是指计划、实施、检查、比较分析、确定调整措施、再计划的过程。在编制施工项目进度计划开始后，相关人员就要跟踪检查计划的实施过程，收集关于实际进度的信息，并通过比较和分析实际进度与计划进度之间的偏差，找出其产生的原因和解决办法，从而确定调整措施，并再修改进度计划，这就形成了一个封闭的循环系统。

（六）网络计划技术原理

网络计划技术是施工项目进度控制和分析计划的理论基础。在施工项目进度的控制中，要利用网络计划技术原理编制进度计划，并根据收集的实际进度信息比较和分析进度计划，同时利用网络计划的工期优化、工期与成本优化和资源优化的理论调整计划。

（七）地方政府支持的原理

项目部门进场后要加强与地方政府的联系与沟通，建立互利互惠和良性互动的信任关系，积极争取当地政府和群众的支持，为施工消除障碍，创造条件。

五、施工项目进度控制的目标体系

（一）依据

项目进度控制的总目标是依据项目总进度计划确定的。而层层分解施工项目进度控制总目标，并形成实施进度控制、相互制约的目标体系，则是从总体角度对施工项目进度提出的工期要求。但在实际的施工活动中，往往要通过控制最基础的分部分项工程的施工进度，来保证各单项（位）施工项目或阶段施工项目进度控制目标的完成，进而实现施工项目进度控制总目标。

（二）分解方式

施工项目进度控制的目标的分解方式有很多种。但通常采用下列三种方式进行分解。

（1）按施工项目阶段分解，可分为实施程序目标、进展阶段目标、承建单位目标、专业工种目标及建设规模目标等。

（2）按施工程序分解，可分为准备阶段进度目标、正式施工阶段进度目标和竣工收尾阶段进度目标。

（3）按施工规模分解，可分为施工项目总进度目标、单位工程施工进度目标、分部分项工程进度目标，以及季、月、旬作业目标。

六、施工项目进度控制的一般规定

（一）施工项目进度控制的方法

施工项目进度控制的方法主要是规划、控制和协调，即确定施工项目进度总目标和分目标后，要实施全过程控制，而当实际进度与计划进度偏离时，应及时采取调整措施，并协调与施工项目进度有关的单位、部门和工作队组之间的进度关系。项目进度控制具体规定有以下几个方面。

（1）施工项目进度控制应以实际施工合同约定的竣工日期为最终目标。

（2）应分解施工项目进度控制的总目标。可按单位工程分解为交工分目标，也可按承包专业或施工阶段分解为完工分目标，亦可按年、季、月计划期分解为时间目标。

（3）施工项目进度控制应建立以项目经理为责任主体，项目负责人、计划人员、调度人员、作业队长及班组长共同负责的施工项目进度控制体系。

（二）施工项目进度控制的措施

应采用组织、技术、合同、经济和信息管理等措施对施工项目进度实施有效控制。并通过落实进度控制人员工作责任，建立进度控制组织系统及控制工作制度，采用科学的方法不断收集施工项目实际进度的有关资料，定期向施工单位提供比较报告。

（三）施工项目进度控制的任务

（1）施工项目进度控制的任务是编制施工项目进度总计划并控制其执行，以按期完成整个施工项目的任务。

（2）编制单位施工项目、分部分项施工项目进度计划，并控制其执行，以按期完成单位和分部分项施工项目任务。

（3）编制季度、月（旬）作业施工项目进度计划，并控制其执行，以完成规定目标。

（四）施工项目进度控制的程序

（1）根据施工合同确定的开工日期、总工期和竣工日期确定施工项目进度目标，从而明确计划开工日期、计划总工期和计划竣工日期，并确定分期分批项目工程的开工、竣工日期。

（2）编制施工项目进度计划。施工项目进度计划应根据工艺关系、组织关系、搭接关系、起止时间、劳动力计划、材料计划、机械计划及其他保证性计划等因素综合确定。

（3）向监理工程师提出开工申请报告，并应按监理工程师下达的开工令指定的日期开工。

（4）实施施工项目进度计划。当出现进度偏差（不必要的提前或延误）时，应及时调整，并不断预测未来进度的状况。

（5）全部任务完成后，应对施工项目进度控制进行总结，并形成相关报告。

第二节　施工项目进度计划的管理

施工项目进度计划的管理是指对施工顺序、开始和持续时间、搭接关系进行综合安排。其目标是实现合同工期。对于一个施工项目来说，应编制进度总计划，以起到筹划作业时间的作用。同时，还应编制重要的分部分项施工项目作业计划，以指导作业活动。

一、施工项目进度计划的审核和实施

（一）施工项目进度计划的审核

施工项目进度计划的审核工作应由项目经理进行，其主要内容包括以下几个方面。

（1）进度安排是否符合施工合同所确定的施工项目总目标和分目标的要求以及是否符合其开工、竣工日期的规定。

（2）施工进度计划的内容是否全面、有无遗漏项目、能否保证施工质量和施工安全。

（3）施工顺序安排是否符合施工程序的要求。

（4）资源供应计划是否能保证施工进度计划的实现，供应是否均衡，分包人供应的资源是否满足进度要求。

（5）施工项目图设计的进度是否满足施工项目进度计划的要求。

（6）总分包之间的进度计划是否相协调，专业分工与计划的衔接是否明确且合理。

（7）对实施进度计划风险的分析是否清楚，对风险是否有相应的对策和应变预案。

（8）各项保证施工项目进度计划实现的措施设计是否周到、可行、有效。

（二）施工项目进度计划的实施

1）编制月（旬）作业计划

为了实施施工项目进度计划，要将规定的任务结合现场施工条件（如施工场地的情况、劳动机械等资源条件、施工的实际进度等），在施工的准备阶段和进行阶段不断地编制本月（旬）作业计划，从而使施工计划更具体、更实际、更可行。其中，在月（旬）计划中要明确本月（旬）应完成的任务、所需要的各种资源量、提高劳动生产率和节约的措施等。

2）签发施工任务书

（1）签发对象。编制完成月（旬）作业计划后，要将每项具体任务通过签发施工任务书的方式下达到班组，以进一步落实、实施。施工任务书是向班组下达任务，实行责任承包、全面管理的综合性文件，是计划和实施的纽带，所以施工班组必须要按照其指令，以保证任务的完成。

（2）签发内容。施工任务书应按班组编制并下达，包括施工任务单、限额领料单和考勤表。

① 施工任务单包括分项工程施工任务、工程量、劳动量、开工日期、完工日期、工艺、质量和安全要求。

② 限额领料单是根据施工任务单编制的控制班组领用材料的依据，应具体列明材料名称、规格、型号、单位和数量、领用记录、退料记录等。

③ 考勤表可附在施工任务单背面，按班组人名排列，供考勤时填写。

④ 施工任务书应由工长编制并下达，在实施过程中要做好记录，在任务完成后进行回收，作为原始记录和业务核算资料保存。

3）完成施工项目的进度记录和进度统计表

在完成计划任务的过程中，各级施工项目进度计划的执行者要做到以下几点。

（1）对项目进行跟踪并做好施工记录，及时记录计划中每项工作的开始日期、每日完成数量和完成日期，同时记录施工现场发生的各种情况、干扰因素的排除情况。

（2）跟踪做好形象进度、工程量、总产值以及耗用的人工材料和机械台班等的数量统计与分析，为施工项目进度的检查和控制分析提供反馈信息。

（4）要求实事求是地记录，并据以填好上报统计报表。

4）重视施工中的调度工作

施工中的调度工作是组织施工中各阶段、环节、专业和工种互相配合以及进度协调的核心，也是使施工进度计划顺利实施的重要手段。其主要任务是掌握计划实施过程中的真实情况，协调各方面关系，积极采取措施，及时排除施工中出现的或可能出现的各种问题，确保施工项目的实际进度与计划进度始终处于动态平衡状态，保证各施工作业计划的完成和计划进度目标的实现。调度工作的内容主要有以下几个方面。

（1）监督作业计划的实施，协调各方面的进度关系。

（2）监督检查施工准备工作。

（3）督促资源供应单位按计划供应劳动力、施工机具、运输车辆、材料构配件等，并对临时出现的问题采取调配措施。

（4）按施工平面图管理施工现场，结合实际情况进行必要的调整，保证文明施工。

（5）了解气候、水、电、气的情况，采取相应的防范和保证措施。

（6）及时发现和处理施工中的各种事故和意外事件。

（7）调整各薄弱环节。

（8）定期、及时地召开现场调度会议，贯彻施工项目主管人员的决策，发布调度令。

二、施工项目进度计划的检查

在施工项目进度计划的实施过程中，为了有效地进行进度控制，进度监控人员应经常地、定期地跟踪检查施工实际进度情况，其主要工作包括以下几个方面。

（一）跟踪检查施工实际进度，收集有关施工进度的数据资料

跟踪检查施工实际进度是施工项目进度控制的关键措施，其目的是收集实际施工进度的有关数据。跟踪检查的时间和收集数据的质量直接影响施工进度控制的质量和效果。

一般来说，检查的时间间隔与施工项目的类型、规模、施工条件、对进度执行的要求程度有关，通常以每月、半月、旬或周为单位进行一次。若在施工中遇到天气恶劣、资源供应不足等不利因素的严重影响，检查的时间间隔可临时缩短，次数应增加，甚至可以每日进行检查，或派人员驻现场督阵。检查和收集资料的方式一般采用进度报表的方式或定期召开工作进度汇报会。

为了确保汇报资料的准确性，进度控制工作人员要经常到现场察看施工项目的实际进度情况，从而保证经常地、定期准确地掌握施工项目的实际进度根据不同需要，进行每日检查或定期检查，内容包括以下几个方面。

（1）检查期内实际完成和累计完成的工程量。

（2）实际参加施工的人力、机械数量和生产效率。

（3）窝工人数、窝工机械台班数及其原因分析。

（4）进度偏差情况。

（5）进度管理情况。

（6）影响进度的特殊原因及分析。

（二）整理统计数据资料，使其具有可比性

收集到的施工项目实际进度数据要进行必要的整理，按计划控制的工作项目对数据进行统计，形成与计划进度具有可比性的数据——相同的量纲和形象进度。通常采用实物工程量、工作量、劳动消耗量或累计百分比整理和统计实际检查的数据，以便与相应的计划完成量进行对比。

（三）对比实际进度与计划进度，确定偏差数量

将收集的资料整理和统计成与计划进度有可比性的数据后，再采用施工项目实际进度与计划进度的比较方法进行比较。通常用的比较方法有横道图记录比较法、S形曲线比较法、"香蕉"形曲线比较法、前锋线比较法和列表比较法等。通过比较，可得出实际进度与计划进度相一致、超前、拖后三种情况。对于超前或拖后的偏差，还应计算出检查时的偏差量。

（四）根据施工项目实际进度的检查结果提交进度控制报告

进度控制报告是将实际进度与计划进度的检查比较结果、有关施工进度的现状和发展趋势提供给项目经理、业务职能部门的负责人和上级主管部门简洁清晰的书面报告。其中，进度控制报告的种类、内容和编写人员时间主要包括三个方面的内容。

1）进度控制报告的种类

进度控制报告根据报告的对象不同，其编制的范围和内容也有所不同，一般有三种。

（1）项目概要及进度报告。它是呈报给项目经理、公司经理或业务主管部门、建设单位或业主的，以整个施工项目为对象说明其施工进度计划执行情况的报告。

（2）项目管理及进度报告。它是呈报给项目经理或有关业务部门的，以单位工程或项目分区为对象说明其施工进度计划执行情况的报告。

（3）业务管理及进度报告。它是呈报给项目管理者及各有关业务部门为采取应急措施而使用的，以某个重点部位或重点问题为对象，说明其施工进度计划执行情况的报告。

2）进度控制报告的内容

进度控制报告的内容主要包括七个方面。

（1）施工项目的实施概况、管理概况和进度概况。

（2）施工项目的施工进度、形象进度及其简要说明。

（3）施工图纸提供的进度。

（4）材料、施工机具、构配件等物资供应进度。

（5）劳务用工记录及用工状况预测。

（6）日历施工计划。

（7）对建设单位或业主及施工队的变更指令等。

3）施工项目进度控制报告的编写人员和编报时间

施工项目进度控制报告一般由计划的负责人或进度管理人员与施工管理人员共同编写。报告的编写与呈报时间一般与进度检查时间一致，可按月、旬、周等间隔时间进行编写、呈报。

三、施工项目进度计划的调整

在施工项目过程中，一些条件的不确定会引起进度偏差，在分析进度偏差影响的基础上，可更好地得出关于进度偏差的调整方法。

（一）分析进度偏差的影响

（1）分析出现进度偏差的工作是否为关键工作。如果出现进度偏差的工作为关键工作，则无论偏差大小，都将影响后续工作按计划施工，并使工程总工期拖后，必须采取相应措施调整后期施工计划，以便确保计划工期；如果出现进度偏差的工作为非关键工作，则应进行下一步分析。

（2）分析进度偏差时间是否大于总时差。如果某项工作的进度偏差时间大于该工作的总时差，则将影响后续工作和总工期，必须采取措施进行调整；如果进度偏差时间小于或等于该工作的总时差，则不会影响工程总工期，但是否影响后续工作，则应进行下一步分析。

（3）分析进度偏差时间是否大于自由时差。如果某项工作进度偏差时间大于该工作的自由时差，则应对后续有关工作的进度安排进行调整；如果进度偏差时间小于或等于该工作的自由时差，则对后续工作毫无影响，不必调整。

（二）施工项目进度计划的调整方法

在对实施的进度计划分析的基础上，应确定调整原计划的方法，主要有六种。

1）改变工作间的逻辑关系

若检查的实际施工进度产生的偏差影响了总工期，在工作之间的逻辑关系允许改变的条件下，可改变关键线路和超过计划工期的非关键线路上有关工作之间的逻辑关系，达到短工期的目的。用这种方法调整的效果是很显著的。例如，可以把依次进行的有关工作改成平行的或互相搭接的，以及分成几个施工段进行流水施工等，都可以达到缩短工期的目的。

2）缩短工作的持续时间

这种方法是不改变工作之间的逻辑关系，而是缩短某些工作的持续时间，使施工进度加快，并保证实现计划工期的方法。那些被压缩持续时间的工作是位于由于实际施工进度的拖延而引起总工期增长的关键线路和某些非关键线路上的工作，同时又是可压缩持续时间的工作。

3）调整资源供应

如果资源供应发生异常，应采用资源优化的方法对计划进行调整，并采取应急措施，使其对工期的影响最小化。

4）增减施工内容

要实现增减施工内容应做到不打乱原计划的逻辑关系，只对局部逻辑关系进行调整。在增减施工内容以后，应重新计算时间参数，分析对原网络计划的影响。当对工期有影响时，应采取调整措施，保证计划工期不变。

5）增减工程量

主要是改变施工方案、施工方法，从而实现工程量的增加或减少。

6）改变起止时间

值得注意的是，起止时间的改变应在相应的工作时差的范围内进行。每次调整必须重新计算时间参数，观察该项调整对整个施工计划的影响。调整时可采用下列两种方法。

（1）确定工作的最早开始时间和最晚完成时间，灵活调整工作。

（2）延长或缩短工作的持续时间。

第三节　施工项目进度控制的程序和方法

编制科学合理的进度计划是实现项目进度控制目标的首要前提。然而，在项目的实施过程中，由于外部环境和条件的变化，进度计划的编制者往往难以事先全面地估计项目在实施过程中可能出现的问题，例如气候变化、不可预见事件以及其他条件变化等。这些均会对工程进度的实施产生影响，从而使实际进度偏离计划进度。

如果实际进度与计划进度的偏差得不到及时纠正，势必会影响进度总目标的实现。因此，在进度计划的执行过程中，必须采取有效的监测手段对进度计划的实施过程进行监控，以便及时发现问题，并运用行之有效的进度控制调整方法来解决问题。

一、进度控制的程序和工作内容

施工项目进度控制的程序是指根据合同确定的开工日期、总工期和竣工日期确定施工进度控制目标，编制施工进度计划，申请开工并按指令日期开工，实施施工进度计划，同时在实施过程中检查与调整，以及总结进度控制。进度控制的程序从编制施工进度计划开始，直至工程竣工验收交付使用为止。

（一）编制施工项目进度计划并按程序报审

为了保证项目进度任务的按期完成，在签订了施工承包合同并完成项目经理部门的组建之后，项目负责人必须组织项目部门的有关职能部门认真编制施工项目进度计划。同时，在施工项目进度计划编制完成、经项目经理审签、报企业技术负责人审核后，再报施工项目监理机构审批。施工项目进度计划未经审批不得予以实施，批准时间即为生效日。

（二）编制施工项目进度控制的工作细则

施工项目进度控制的工作细则是在施工项目规划的指导下，由施工项目进度控制部门负责编制的更具有实施性和操作性的业务文件。它对进度控制的实务工作起着具体的指导作用。其主要内容包括以下几个方面。

（1）对施工项目进度控制进行目标分解，并绘制目标分解图。

（2）确定施工项目进度控制的主要工作内容和深度。

（3）施工项目进度工作人员的职责分工。

（4）确定与施工项目进度控制有关的各项工作的时间安排及工作流程。

（5）确定施工项目进度控制的方法（包括进度检查周期、数据采集方式、进度报表格式、统计分析方法等）。

（6）制订施工项目进度控制的具体措施（包括组织措施、技术措施、经济措施及合同措施等）。

（7）分析施工项目进度控制目标实现的风险。

（8）尚未解决的有关问题。

（三）做好施工准备工作，及时申请开工令

施工项目进度计划一经审核批准，施工单位必须按照施工准备工作计划尽快做好施工准备工作。一旦具备开工条件，应及时向现场监理机构（建设单位）申请开工令，确保施工项目按期开工。

（四）施工项目进度计划的实施、检查与调整

在施工项目进度计划实施过程中，施工项目进度控制工作部门要做到以下几点。

（1）全面启动进度控制系统，对计划的实施进行检查。当发现进度计划执行受到干扰时，应分析原因，采取相应措施予以纠偏。

（2）在计划图上做好实际进度记录，跟踪记录每个施工过程的开始日期、完成日期，记录每日完成的数量、施工现场发生的情况、干扰因素的排除情况。

（3）落实控制进度措施应具体到人、目标、任务、检查方法和考核方法。实行全员风险承包，把任务落实到施工队、落实到个人，实行个人保队伍，队伍保分部工程，分部工程保整体工程的措施。

（4）在整理施工项目实际进度资料的基础上，应将其与计划进度相比较，以判定实际进度是否出现偏差。如果出现偏差，应进一步分析此偏差对施工项目进度控制目标的影响程度及其产生的原因，以便研究对策，采取纠偏措施。必要时还应对后期施工项目进度计划做适当调整。

（五）整理工程进度资料，做好进度控制工作总结

1）措施

（1）在施工项目完工后，项目经理部应及时总结施工项目进度控制。

（2）项目经理部应将施工项目进度资料收集起来，并进行归类、编目和建档，以便为今后其他类似的施工项目进度控制提供参考。

2）依据资料

总结施工项目进度控制时，应依据的资料有施工进度计划、施工进度计划招标的实际记录、施工进度计划检查结果、施工进度计划的调整资料。

3）主要内容

（1）合同工期目标及计划工期目标完成情况。

（2）施工进度控制经验、施工进度控制中存在的问题及其分析。

（3）科学的施工进度计划方法的应用情况。

（4）施工进度控制的改进意见。

二、施工项目进度控制的措施

为了实施施工项目进度控制，项目经理部必须根据施工项目的具体情况，认真制订进度控制措施，以确定施工项目进度控制目标的实现。施工项目进度控制的措施主要包括组织措施、管理措施、经济措施和技术措施。

（一）组织措施

施工项目进度控制的组织措施主要有六个方面。

（1）建立施工项目进度控制目标体系。在施工项目组织结构中，应由专门的工作部门和符合进度控制岗位资格的人员专门负责进度控制工作，同时要明确进度控制人员及其职责分工。

（2）建立施工项目进度报告制度及信息沟通网络。

（3）施工项目进度控制环节包括进度目标的分析和论证、编制施工进度计划、定期跟踪进度计划的执行情况、采取纠偏措施以及调整进度计划。上述工作任务和相应的管理职能应在施工项目管理组织设计的任务分工表和管理职能分工表中标示并落实；同时还要建立施工项目进度计划的审核制度以及进度计划实施中的检查分析制度。

（4）编制施工项目进度的工作流程，如：定义施工进度计划系统（由多个相互关联的施工进度计划组成的系统）的组成，各类进度计划的编制程序、审批程序和计划调整等。

（5）施工项目进度控制工作包含了大量的组织和协调工作，而会议是组织和协调的重要手段，因此应进行有关进度控制会议的组织设计，需要明确的内容有会议的类型，各类会议的主持人和参加单位及人员，各类会议的召开时间，各类会议文件的整理、分发和确认等。

（6）建立图纸审查、工程变更和设计变更管理制度。

（二）管理措施

施工项目进度控制的管理措施涉及的内容有管理的思想、管理的方法、管理的手段、承发包模式、合同管理和风险管理等。施工项目进度控制所涉及内容的相关问题与措施主要包括五个方面。

1）管理观念存在的问题

（1）缺乏进度计划系统的观念，即往往编制各种独立而互不关联的计划，无法形成计划系统。

（2）缺乏动态控制的观念，即只重视计划的编制，而不重视及时地进行计划的动态调整。

（3）缺乏进度计划多方案比较和选优的观念，而合理的进度计划应体现资源的合理使用、工作面的合理安排，并有利于提高质量、文明施工和合理地缩短建设周期。

2）工程网络计划方法

用工程网络计划的方法编制进度计划时，必须严谨地分析和考虑工作之间的逻辑关系。工程网络计划的方法有利于实现进度控制的科学化，即通过工程网络的计算，既可明确关键工作和关键线路，也可明确非关键工作可使用的时差。

3）选择承发包模式

承发包模式的选择直接关系到施工项目进度控制实施的组织和协调。为了实现进度目标,应选择合理的合同结构,以避免过多的合同交接而影响工程的进展。施工项目物资的采购模式对进度也有直接的影响,对此也应做比较分析。

4）存在的风险

为实现施工项目进度目标,不但应控制进度,而且应注意分析影响施工项目进度的风险因素,并在分析的基础上采取风险管理措施,以减少进度失控的风险量。常见的影响施工项目进度的风险有组织风险、管理风险、合同风险、资源(人力、物力和财力)风险以及技术风险等。

5）信息技术

应重视信息技术(包括相应的软件、局域网、互联网以及数据处理设备等)在进度控制中的应用。虽然信息技术对进度控制而言只是一种管理手段,但它的应用有利于提高进度处理的效率,增强进度的透明度,有利于促进进度信息的交流和项目各参与方的协同工作。

（三）经济措施

施工项目进度控制的经济措施应涉及施工项目资金需求计划、加快施工进度的经济激励措施等。为确保进度目标的实现,应编制与进度计划相适应的资源需求计划(资源进度计划),包括资金需求计划和其他资源(人力和物力资源)需求计划,以反映工程施工的各时段所需要的资源。通过资源需求的分析,可发现所编制计划的可行性,若不具备相应的资源条件,则应调整进度计划。

在编制施工项目成本计划时,应考虑到加快施工项目进度所需要的资金,其中包括为实现施工进度目标将要采取的经济激励措施所需的费用。

（四）技术措施

施工项目进度控制的技术措施涉及对实现施工进度目标有利的设计技术和施工技术的选用。不同的设计理念、设计方案、设计技术路线对工程进度都会产生不同的影响。在施工项目进度受阻时,应分析是否存在设计技术方面的影响因素,同时为了实现进度目标,要对设计技术变更的必要性进行研究;除此之外,还应分析是否存在施工技术的影响因素,从而探究为实现进度目标改变施工技术、施工方法和施工机械的可能性。

三、施工项目进度的检查方法与比较分析方法

（一）施工项目进度的检查方法

跟踪检查施工项目实际进度,是分析施工进度、调整施工进度的前提。其目的是收集实际施工进度的有关数据。其中,跟踪检查的时间、方式、内容和收集数据的质量将直接影响控制工作的质量和效果。施工项目进度主要有根据实际情况记录和建立报告制度两个检查方法。

1）根据实际情况记录

检查施工项目进度计划应依据实施记录进行,而施工项目进度计划检查分为日检查或定期检查。检查和收集资料的方式有经常或定期地收集进度报表资料、定期召开进度工作汇报会、派驻现场代表检查进度的实际执行情况等。检查的内容一般包括以下六个方面。

（1）检查期内实际完成和累计完成工程量。

（2）实际参加施工的人力、机械数量及生产效率。

（3）窝工人数、窝工机械台班数及其原因分析。

（4）进度偏差情况。

（5）进度管理情况。

（6）影响进度的特殊原因及分析。

2）建立报告制度

检查施工项目进度，要建立报告制度。进度控制报告是对检查进行比较的结果，其中关于施工项目进度的现状和发展趋势，要以最简练的书面报告形式提交给项目经理及各级业务职能负责人。

施工项目进度报告的编写，原则上由计划负责人或进度管理人员负责与其他管理人员协作编写。进度报告一般每月报告一次，重要的、复杂的项目每旬一次。施工项目进度报告应包括下列内容。

（1）进度执行情况的综合描述。

（2）实际施工进度说明。

① 工程变更、价格调整、索赔及工程款收支情况。

② 进度偏差的状况和导致偏差的原因分析。

③ 解决问题措施。

④ 计划调整意见。

（二）施工项目进度的比较分析方法

施工项目进度的比较分析是计划是否需要调整以及如何调整的依据和前提。常用的比较分析方法有以下几种。

1）横道图记录比较法

横道图记录比较法是把在施工项目实际进度的检查中收集的信息，经整理后直接用横道线与原计划的横道线并列标于一起进行直观比较的一种方法。横道图记录比较法一般分为四种，分别是匀速施工横道图比较法、非匀速进展横道图比较法、双比例双侧横道图比较法和双比例单侧横道图比较法。横道图记录方法比较简单，形象直观，容易掌握，应用方便，被广泛地应用于简单的进度监测工作中。

由于横道图以横道图进度计划为基础，因此也有其不可克服的局限性，如各工作之间的逻辑关系不明显；关键工作和关键线路无法确定；一旦某些工作进度产生偏差时，难以预测其对后续工作和整个工期的影响及确定调整方法。

2）S形曲线比较法

S形曲线比较法是指在一个以横坐标表示进度时间，纵坐标表示累计完成任务量的坐标体系上，首先按计划时间和任务量绘制一条累计完成任务量的曲线（即S形曲线），然后将施工进度中各检查时间时的实际完成任务量也标注在此坐标上，并与S形曲线进行比较的一种方法。S形曲线比较与横道图记录比较法一样，是在图上直观地将施工项目实际进度与计划进度相比较的一种方法。

一般情况下，进度计划控制人员在计划实施前绘制出S形曲线。在施工项目过程中，要按规定时间将检查的实际完成情况与计划S形曲线绘制在同一张图上。

3）"香蕉"形曲线比较法

"香蕉"形曲线实际上是两条S形曲线组合成的闭合曲线。一般情况下，任何一个施工项目的网络计划都可以绘制出两条具有同一开始时间和同一结束时间的S形曲线：一条是计划以各项工作的最早开始时间安排进度所绘制的S形曲线；另一条是计划以各项工作的最迟开始时间安排进度所绘制的 S 形曲线。由于两条 S 形曲线都是相同的开始点和结束点,因此两条曲线是封闭的。

　　4）前锋线比较法

　　当工程项目的进度计划用时标网络计划表达时,还可以用实际进度前锋线进行实际进度与计划进度的比较。前锋线比较法是从计划检查时间的坐标点出发,用点画线依次连接各项工作的实际进度点,最后到计划检查时间的坐标点为止,形成前锋线。按前锋线与工作箭线交点的位置判定施工实际进度与计划进度的偏差。凡前锋线与工作箭线的交点在检查日期的右方,表示提前完成计划进度;若其点在检查日期的左方,表示进度拖后。

　　5）列表比较法

　　当采用无时间坐标网络计划时,也可以采用列表比较法。即根据记录检查时,将正在进行的工作名称和已进行的天数列于表内,在表上计算有关参数,再依据原有总时差和尚有总时差判断实际进度与计划进度的差别,以及分析对后期工作及总工期的影响程度(见表 7-1)。在运用列表比较法时,工作实际进度与计划进度的偏差可能有以下几种情况。

　　(1)若工作尚有总时差和原有总时差相等,则说明该工作的实际进度与计划进度一致。

　　(2)若工作尚有总时差小于原有总时差,但仍然为正值,则说明该工作的实际进度比计划进度拖后,产生偏差值为二者之差,但不影响总工期。

　　(3)若工作尚有总时差为负值,则说明对总工期有影响,应当调整。

表 7-1　列表比较法规格

工作代号	工作名称	检查计划时尚需作业时间	到计划最迟完成时尚需天数	原有总时差	尚有总时差	情况判断

第四节　施工项目的重难点及关键工序进度控制措施

　　施工项目中的重难点和关键工序在整个施工项目过程中处于核心的"卡脖子"位置,因制约总工期而成了施工项目的"疑难杂症",是影响施工进度和项目成本的难题。在施工项目中,解决了重难点和关键工序,就意味着下一步施工能够顺利实施,一定程度上保障了总工期和总体效益。因此,按期解决项目的重难点和关键工序,是决定工期的关键。故而,施工企业必须高度重视施工项目重难点和关键工序,并在认真对其进行分析的基础上,坚决果断地采取有力措施加以解决。

一、重难点及关键工序的主要特性

(一)难度大

　　主要表现为施工地质复杂、工艺要求新颖独特、工序交叉干扰、大海大江大河、深基坑、边远深山区交通不便等。该类施工项目往往施工技术含量高,且作业极其困难。

（二）危险大

主要表现为安全风险大，有高空作业、有地下瓦斯、有地下暗河溶洞，容易发生高空坠落、瓦斯爆炸、隧道坍塌等安全事故。因此，该类施工项目的安全管理措施要求往往十分严格。

（三）工期紧

由于重难点及关键工序节点工期通常都会非常紧张，因此在正常情况下很难如期完成任务。

（四）环境差

主要表现为恶劣天气、地理位置及交通不便利、缺水缺电等，给正常施工造成了很大的困难。

（五）保障难

部分施工项目受大气候或政策影响，存在"先天不足"的劣势，如先天亏损、资金紧缺、物资匮乏和设备模具劳动力不足等。

（六）投入多

重难点和关键工序施工的复杂和难度，决定了人财物机等要素投入大的特征。由于该类项目施工往往是一次性的，因此周转不到位且成本摊销难。

二、解决施工项目重难点及关键工序的主要措施

重难点及关键工序的特性决定了其不能按一般正常程序组织施工。因此，需要采取以下六项措施来解决。

（一）领导重视

施工项目的重难点及关键工序不仅制约着整体进度，还影响项目的成败，是项目管理的重中之重。对此，施工项目的第一管理者和全体管理人员只有高度重视、全力配合支持、科学组织、合力攻坚才能完成任务。

对于项目部门来说，要做到明确分工、明确责任体系、明确保障措施、明确奖惩。在关键时刻，项目经理要在现场亲自组织指挥。

（二）专家治理

针对重难点及关键工序的特殊性，项目经理部要邀请相关专家来论证评审专项施工方案。对于没有经过专项施工论证和评审的项目，必须禁止组织施工，坚决杜绝没有方案便盲目施工的行为，切实做到方案优先引导。

（三）重拳出击

要解决施工项目"卡脖子"的疑难杂症，就必须制订正确、科学的方案，并认真落实。同时，还要本着"杀鸡用宰牛刀""猛药去疴"和"重典治乱"的精神，并在总体部署安排上"下狠手"，争取一次性解决施工项目的"疑难杂症"。

不仅如此，还要坚持"以快取胜"的原则，避免久拖不决而加深问题的严重性。加大资金、物资、机具设备、劳动等要素的投入，将其落实到位。

（四）严格奖惩

采取特殊的奖惩措施解决施工项目的重难点及关键工序。对此，施工项目负责人要做到精神奖励和物质奖励同步进行。其中，精神奖励可采取授予荣誉这一方式，包括立功、劳模、火

线提干等;物质奖励包括发放生活用品以及奖金等。

值得注意的是,对于解决重难点及关键工序的施工人员,其奖励额度要高于正常施工时发放的奖励。

（五）改善环境

（1）改善施工人员的住房及生活条件。

（2）完善施工现场操作作业场所。

（3）保持便道畅通。

（4）保证生活施工用水用电。

（5）保护环境,防治污染。

（六）协同作战

施工项目的重难点及关键工序既是项目本身的工作重点,也是业主监理和设计方的工作重点,更离不开地方政府的支持。项目经理部门要经常联络有关各方,及时解决施工遇到的问题,共同为施工排忧解难,确保施工的顺利进行。

三、解决重难点及关键工序的典型范例介绍

运用"目标＋责任制＋服务保障＋奖励机制"的模式,在某市南中环施工中获得了巨大的成功,被某公司称为"唐征武施工项目管理模式"。

（一）背景

2013 年初,某公司中标了某市南中环快速化改造工程项目,其中有晋祠路互通立交桥一座,是全线的"卡脖子"工程,位于某市的古湖泊之上,地质较复杂,桩基础施工难度较大。总投资额约 12 亿元,被列为市政府的头号重点工程。

该项目要求年底通车,由市长亲自负责,因此又称为"市长工程"。该项目工期紧,任务艰巨,相邻标段均表示难以完成任务。然而,市长对这家公司寄予厚望。可以说,这是一场"硬仗"。

为了更好地完成目标,集团和子公司均派出了工作组入驻现场,进行组织协调,笔者以组长的身份,带领工作组全盘组织和协调现场的施工生产。

（二）主要成功经验

充分运用"目标＋责任制＋服务保障＋激励机制"的组织管理模式。

1）确定目标

根据年底通车这一总目标,层层分解项目,确定了月、旬、日的阶段性目标,让目标横向到边、纵向到底,确立全员的目标节点意识。与此同时,还制定了质量安全成本目标。

2）落实责任制

根据总体任务和总体工期要求划分了小责任区,保证其对于组织施工的便利性。同时,成立相对固定和独立的现场作战小团队,明确具体施工任务和指标,建立责任制,部署统一领导管理以及考核奖惩。

在项目的顶峰时期,为了确保各项任务都被有效管理和落实,成立了八个责任区。

3）服务保障

主要指劳动力、机具模具、物资材料、资金、技术等现场保障工作。保障工作需在各方积极配合的基础上分层次进行,从而更好地满足现场需求。主要措施有以下几点。

（1）由工头实行劳务承包。

（2）小型机具材料由工队承包自行采购。

（3）大宗材料及周转材料由项目部门统一采购。

（4）技术工作由项目部门保障。

4）激励机制

（1）制订节点奖励计划，突出重奖。每项奖励通过各方努力均可获得，激励性较大，具体措施有以下几点。

① 完成节点目标者可以获得翻倍的工费工资。

② 设立 5 万元、10 万元、20 万元、30 万元、50 万元和 70 万元大奖。

③ 奖励以工队完成单项工序为单元，现场相关配合人员与之挂钩同奖同罚。

（2）建立颁奖台，及时兑现奖励。

5）营造"大战决战"氛围

（1）设立头奖，并奖"鹿"一头，展开"群雄逐鹿"。

设立六个管区六支大队伍，让其展开竞争模式，从而完成现浇混凝土箱梁。规定谁第一家完成箱梁现浇可以获第一名头奖和"鹿"一头。

（2）对最后一名进行惩罚。

在施工过程中，对最后一名给黄旗并罚款 20 万元。

（3）鼓舞士气。

① 设鼓劲酒和加油站，给工队和管区人员鼓劲加油。

② 奖励机制的科学有效，保证了施工现场浓厚的"大战氛围"。在这样的背景下，各参战工队昼夜奋战、风雨无阻，完成了节点目标。

6）项目部门的检查、督促、帮助、协调工作必须及时到位

（1）为提高办事效率，设立早会制度、晚会制度、现场办公制度、现场巡查制度和专题会议制度。对个别小计划节点"目标流产"的单位给予单独帮助，通俗来说，该方式就是"打保胎针，吃保胎药"。

（2）在坚持实施切实有效的制度后，各施工队伍及时改正了施工中出现的问题，保证了工期质量和施工安全。

7）专家治理

由集团公司和子公司成立专案组进驻施工现场，更好地解决施工的技术难题，确保技术保障到位。

（三）取得成就

（1）提前完成了市政府提出的通车任务。

（2）取得了市政府奖励：一个地铁试验段项目和一个该市建设路火车站改造地下通道项目。

（3）取得的经济效益：公司获利 2 亿多元；工队和职工获得 3 倍奖励；公司在该市获得了品牌效益，成了"市铁军"。

（4）"目标＋责任制＋服务保障＋奖励机制"的模式在一定程度上对该公司的后续发展产生了积极影响。

① 在太原建设路火车站改造，渝黔铁路、太原虎峪河、北涧河改造施工等项目取得了显著

成效。

②2019年,该模式在西安咸阳国际机场的施工过程中有效化解了矛盾,安全、顺利、优质、高效地完成了任务,受到了西部机场建设集团的高度赞扬,并给予了新的施工项目。

第五节　施工项目的多层面协同管理

一、施工项目协同管理的理念

(一) 概念

项目协同管理是指监理单位依靠自己的工程技术实力和工程管理经验协同业主对项目实施全过程、全范围的协同管理。其中监理单位指派监理人员与业主方代表形成优势互补的项目协同管理团队,通过完善的管理制度和工作流程、完整的管理范围、合适的管理工具和专业化的技术决策进行各项工作的组织和实施,但是重大、重要事项决策权属于业主。

(二) 服务内容

在项目协同管理团队中,监理人员需提供以下咨询、管理和技术服务。

1) 组织协同

监理人员需在业主原有的组织架构下有针对性地组建各专业小组,与业主优势互补,形成协同管理团队。

2) 管理协同

在业主原有的管理制度、管理流程的基础上,建立协同管理团队的管理制度、管理流程,以满足工程建设管理的要求。

3) 范围协同

在业主原有工作范围的基础上,监理人员需承担相关工作职责,使本工程建设管理的工作范围做到全过程、全覆盖,做好工程项目的各类界面和接口的管理。

4) 技术协同

监理人员需为业主提供工程技术、管理技术、信息技术等方面的支持。

二、施工项目协同管理的工作要求

通过协同管理理念,可引申出对监理团队提供施工项目协同管理服务工作的基本要求。

(一) 全局性

站在整体项目建设的角度,提供全范围的管理咨询服务。

(二) 前瞻性

凭借自身的管理经验,通过预控性的管理措施,避免或减少项目建设过程中的问题(偏差)。

(三) 主动性

在日常管理工作中,积极主动地发现问题、解决问题,力争将不可避免的问题带来的偏差(损失)降低到最低。

三、施工项目协同管理的优势

传统的施工项目管理方式中,由于参与各方的地位往往不平等且只关注自身利益,忽视了施工项目的总体目标,因此存在大量的管理界面和过程界面,从而导致协调工作量大,决策过程缓慢,信息孤岛现象严重,信息传递短缺、过载、扭曲、失真和延误等不良影响。

采用施工项目协同管理,协同团队往往会基于长期合作的期望和意愿,站在双方理解、合作和信任的立场上进行合作。这不仅突破了传统管理理念的束缚和传统组织界限的分隔,还让合作双方可通过设定共同目标,共同解决问题,避免了诉讼,一定程度上加强了业主与监理的信任,改善了业主和承包商之间的关系,进而使项目取得良好效益的同时更好地实现了参与各方的目标。

四、施工项目协同管理的适用范围

(一)监理

监理属于业主方施工项目管理范畴。目前体制下,监理和业主方在项目管理中并存,其中监理属于项目建设的第三方,其行为是在业主方授权范围内开展工作。

监理在面对强势的业主时,在与业主的衔接和互补上容易引发一些矛盾,如业主很难放弃对施工项目队伍的选择、物资采购、进度款拨付、工期进度要求等一系列管理权限。这往往会使监理缺乏一定的权限,制约了施工项目方,在一定程度上削弱了监理的投资控制能力。

(二)业主合作意愿

要真正实施施工项目协同管理,必须要求业主有较强的合作意愿。这种合作意愿源于以下两个方面。

(1)业主自身项目管理力量不足,尤其在大型复杂施工项目的管理中,业主通常缺乏雄厚的专业技术力量,因此必须依靠可靠的第三方协助其实现施工项目的管理目标。

(2)建设监理要具备较强的技术实力,能承担一部分业主方的施工项目管理职能,并通过与业主的长期合作建立了充分的了解和信任。在此前提下,二者方能围绕施工项目目标密切配合,做到有效衔接和互补。

五、施工项目协同管理的职能划分

业主方代表和监理人员是施工项目协同管理团队的主要构成部分。施工项目参与方还包括政府部门、专家咨询、招标代理、造价咨询、设计单位、施工总包及分包等。

施工项目协同管理要拓展监理的工作范围,并由监理协助或一定程度上代替业主承担部分施工项目管理工作。同时,对于决策关键问题、组织关键工作和审核关键环节等具有身份属性的工作来说,其责任仍然只能由业主自行承担。

六、施工项目协同管理各阶段计划管理

为保证施工项目管理总体目标的实现,监理应完善计划管理,通过分关键时间节点召开计划管理会议、关键问题实行计划报告、实时进行计划风险分析及规避等措施细化节点管理,严控项目实施流程。施工项目各阶段计划管理的内容主要包括五个部分。

（一）施工项目启动阶段（目标的制定）

（1）收集及协助编制节点计划。

（2）编制总进度控制计划。

（3）编制阶段性（年度）控制计划。

（二）施工项目设计计划阶段

（1）编制设计专项工作计划。

（2）编制招标采购工作计划。

（3）编制施工总控进度计划。

（4）编制报批报建计划等。

（三）各合同包工作准备阶段

（1）指导并审核各合同包施工、供应进度计划。

（2）审查设计进度计划。

（3）审查招标工作日程安排。

（四）施工项目实施阶段

（1）审核各合同包月进度计划。

（2）编制项目管理工作报告。

（3）项目进度界面协调。

（五）施工项目收尾阶段

配合编制项目验收及试生产计划。

第八章

施工项目环境保护管理措施

随着人们环保意识的逐步增强，环境保护管理也越来越受到重视。在这一背景下，环境保护管理已成为当前施工项目管理工作的重中之重。本章着重介绍了施工项目环境保护管理措施。

第一节　环境保护在施工项目管理中的必要性

以环境保护为目的的环境管理是施工项目的重要部分。施工项目环境管理的目的是保护生态环境，控制作业现场的各种粉尘、废水、废气、固体废弃物以及噪声、振动等对环境的污染和危害，同时考虑节约能源，避免资源的浪费。

一、施工项目环境管理的特点

（一）复杂性

施工项目产品的固定性、生产的流动性及受外部环境影响因素多等特点，决定了施工项目环境管理的复杂性，稍微考虑不周就会出现问题。

（二）多样性

施工项目产品生产过程的多样性和生产的单件性，决定了施工项目环境管理的多样性。每个施工项目产品都要根据其特点的要求进行施工，因此，要根据实际情况制订具体的施工项目环境管理计划，不可生搬硬套。

（三）协调性

施工项目产品生产过程的连续性和分工决定了施工项目环境管理的协调性。由于施工项目产品不能像其他工业产品一样分解为若干部分同时生产，必须在同一固定场地按严格程序连续生产，即上一道程序完不成，下一道程序就不能进行（如基础—主体—屋顶），上一道工序生产的结果往往会被下一道工序所掩盖，因此，每一道程序都要由不同的人员和单位完成。

所以，在施工项目环境管理过程中，各单位和各专业人员要横向配合与协调，共同关注产品生产接口部分环境管理的协调性。

（四）不符合性

施工项目产品的委托性决定了施工项目环境管理的不符合性。施工项目产品在施工前就确定了买方,需按施工单位特定的要求进行委托施工。而在施工项目市场供大于求的情况下,业主经常会压低标价,从而导致产品生产单位投入健康安全管理的费用减少,因此不符合施工项目环境管理规定的现象就会时有发生。这就要求施工单位和产品生产组织单位必须重视环保费用的投入,杜绝不符合施工项目环境管理现象的发生。

（五）持续性

施工项目产品生产的阶段性决定了施工项目环境管理的持续性。施工项目从立项到投产使用通常会经历五个阶段：设计前的准备阶段（包括项目的可行性研究和立项）、设计阶段、施工阶段、使用前的准备阶段（包括竣工验收和试运行）、保修阶段。这五个阶段都要十分重视施工项目的安全和环境问题,同时还要持续不断地对项目各个阶段可能出现的安全和环境问题实施管理。否则,一旦在某个阶段出现环境问题,就会对投资造成巨大的浪费,甚至会导致施工项目的失败。

（六）多样性与经济性

施工项目产品的时代性和社会性决定了施工项目环境管理的多样性和经济性。施工项目产品是施工时代政治、经济、文化、风俗的历史记录,是不同时代的艺术风格和科学文化水平的表现,在一定程度上反映了当时关于社会道德、文化、美学的艺术效果,其中的某部分施工项目产品甚至会成为可供观赏和旅游的景观。也就是说,如果施工项目产品适应可持续发展的要求,且施工质量良好的话,受益的不仅是使用者,还有整个社会。

基于上述施工项目管理的六个特点,施工单位在生产施工项目产品时,除了要考虑各类施工项目产品的使用功能相协调外,还要考虑各类施工项目产品的时代性和社会性的要求。同时,不仅要考虑施工项目产品的生产成本,还要考虑其寿命期内的使用成本。因此,施工项目环境管理要将产品使用期内的成本,如能耗、水耗、维护、保养及改建更新的费用列入考虑的范围内,并通过比较分析,判定施工项目是否符合经济要求。另外,施工项目环境管理要做到节约资源,以减少资源消耗来降低环境污染。

二、项目工程环境管理的意义

（一）促进健康文明

保护和改善施工环境是保证人们身体健康和社会文明的需要。对此,应采取专项措施防止粉尘、噪声和水污染,保护好作业现场及周围的环境。这也是保证员工和相关人员身体健康、体现社会总体文明的一项重要工作。

（二）消除对外干扰

保护和改善施工现场环境是消除对外干扰、保证施工顺利进行的需要。随着人们法治观念和自我保护意识的增强,这一点在城市施工中扰民问题的反映上尤其突出。因此,应及时采取防治措施,减少对环境的污染和对居民的干扰,而这也是施工得以顺利进行的基本条件。

（三）满足生产

保护和改善施工环境是现代化生产的客观要求。现代化施工广泛应用新设备、新技术、新生产工艺,对环境质量的要求很高,如果粉尘、振动超标,就可能损坏设备、影响设备的功能,使设备难以发挥作用。

（四）保证可持续发展

保护和改善施工环境是节约能源、保护人类生存环境、实现社会和建筑企业可持续发展的需要。人类社会即将面临环境污染和能源危机的挑战，为了保护子孙后代赖以生存的环境，每个人、每个建筑企业都有责任和义务来保护环境。同时，良好的环境和生存条件也是施工企业发展的基础和动力。

第二节　施工项目中造成的环境污染

在施工项目的实施过程中，各种环境污染问题是客观存在的。这是影响我国施工项目行业绿色发展的主要因素，本节主要梳理了施工项目中造成的环境污染问题。

一、空气污染

空气污染是自然界中局部的质能变化和人类生产生活中排放的有害物质改变了空气中原有的成分，致使大气质量恶化，从而影响原来有利的生态平衡体系的一种环境污染。它严重威胁人体健康和正常的工农业生产，对建筑物和设备财产等构成了一定的损害。在施工项目中，常见的空气污染物可以分为颗粒污染物、气态污染物和次污染物三种。

（一）颗粒污染物

颗粒污染物泛指固体粒子和液体粒子的空气污染物，其粒度在分子级，具体包括尘、雾和炭烟等，是施工项目中主要的空气污染物。一般来说，总悬浮颗粒物（Total Suspended Particulate，简称 TSP）和可吸入悬浮颗粒物（Respirable Suspended Particulate，简称 RSP）通常都会作为参数来衡量此类污染物。国外常将颗粒（Particulate Matter，简称为 PM_n），而"PM"旁的下标字母"n"表示的是有关颗粒的直径上限。其中，RSP 是空气中直径在 $10\ \mu m$ 以下的悬浮粒子；TSP 是空气中直径小于等于 $100\ \mu m$ 的颗粒物。《环境空气质量标准》（GB 3095—2012）中规定，特定工业区 TSP 年平均排放浓度不允许超过 $200\ \mu g/m^3$，平均日排放浓度不允许超过 $300\ \mu g/m^3$。

在施工过程中，许多工序都会产生颗粒污染物，主要体现在以下几个方面。

（1）施工现场物料的堆放和搬运，尤其是处理易产生尘埃的物料，如水泥、混杂有粉粒的石料等。搬运物料时，当从高点跌至低点时，其中较轻的物料会被扬起，形成扬尘。堆放的物料在遇上风时，也会导致尘土飞扬。

（2）工序进行时扬尘。在进行某些工序，例如结构清拆、土方开挖回填、水泥处理、混凝土搅拌、钻探、碎石、垃圾清理等时，会不可避免地产生扬尘。

（3）现场路面扬尘。由于施工现场的运输通道是临时的且大多都是由泥土铺成，当车辆驶过就会扬起泥沙，形成扬尘。同时，如砂土、白灰等一些原材料在运输过程中的遗洒也会造成扬尘。

（4）需要特别说明的是，石棉也是一种重要的颗粒污染源。石棉是天然的纤维状的硅酸盐类矿物质的总称。由于其具有良好的隔热、隔电、吸声、防火和防漏的特性，在 20 世纪 80 年代中期之前，被广泛地应用在各种建筑材料中。但石棉很容易分裂成非常细微的纤维，会在释出后长时间悬浮于空气中，一旦被人体吸入并长时间积聚，可导致肺癌、胸膜或腹膜癌等疾病。后来，在发现石棉对人体健康的危害后，它在施工项目中的使用量越来越少。尽管如此，在拆卸含有石棉物料的旧式建筑时，还是应当注意安全，并对其进行恰当处理。

（二）气态污染物

以气态形式进入到空气中的污染物即气态污染物。主要的气态污染物包括一氧化碳（CO）、硫氧化物（SO_x）、氮氧化物（NO_x）、碳氢化合物（HC）等。

1）气态污染物主要内容

（1）一氧化碳（CO）是一种无色无臭的气体，是碳氢化合物在不完全燃烧的情况下产生的副产品，来源于车辆及各种机械排放的废气。一般来说，城市空气中的一氧化碳对植物及有关微生物均无害，但对人类有害。它一旦进入人体血管内，便会与红细胞结合，使之不能吸附氧气，因此导致输送到身体的氧气减少。而吸入过多一氧化碳的人会有如下症状：呼吸困难、头痛、晕眩、胸痛及丧失协调能力，严重者甚至会死亡。

（2）硫氧化物（SO_x）主要来自矿物燃料的燃烧，例如二氧化硫（SO_2），其具有很强的腐蚀性，且对人体有较大危害。硫氧化物（SO_x）对结膜和上呼吸道黏膜有强烈的刺激性，会损伤人体呼吸器官的正常功能，导致支气管炎、肺炎、肺水肿和呼吸道麻痹。而二氧化硫（SO_2）对肺部有慢性病和心脏病的老年人危害最大，甚至还会致癌。

（3）造成空气污染的氮氧化物（NO_x）主要是一氧化氮（NO）和二氧化氮（NO_2），通常是由燃烧矿物燃料产生。一氧化氮（NO）是无色无味的不稳定气体，在空气中很快会被氧化形成二氧化氮（NO_2）。而二氧化氮（NO_2）具有高腐蚀性和强氧化能力，会对人产生生理刺激，降低长期接触者的呼吸系统能力。不仅如此，二氧化氮还会降低远方物体的亮度和反差，是形成光化学烟雾的主要因素。

（4）碳氢化合物（HC）是有机化合物的一种，这种化合物只由碳和氢组成，其中包含了烷烃、烯烃、炔烃、环烃及芳烃，是许多其他有机化合物的基体。碳氢化合物是产生光化学烟雾的重要成分，它和 NO_2 在紫外线的照射下会发生化学反应，形成光化学烟雾。当光化学烟雾中的光化学氧化剂超过一定浓度时，具有明显的刺激性，它能刺激眼角膜，引发流泪并导致红眼症，同时对鼻、咽、喉等器官均有刺激性，能引起急性喘息症。光化学烟雾还具有损害植物、降低大气能见度、损坏橡胶制品等危害。另外，像苯以及其同系物芳香烃等本身就是有毒物质。

2）气态污染物主要来源

造成施工项目气态污染物的主要来源有以下几方面。

（1）机械操作。施工现场内的多数机械是由燃料燃烧推动，如推土机、挖土机、起重机、柴油发电机等。这些机械的燃料经过燃烧后排出的废气就是气态污染物的主要来源。

（2）车辆排放的尾气。施工现场车辆排放的尾气是空气污染的主要来源之一。

（3）具有挥发性有机化学品。挥发性有机化学品，如沥青、油漆稀释液、汽油、模板油等，其在使用过程中会挥发一些有机物质，造成空气污染。

（三）二次污染物

二次污染物是指由直接从污染源排放的污染物经过一些化学作用产生的污染物。例如，光化学烟雾就是在阳光及温暖的温度条件下，由氮氧化物（NO_x）和挥发性有机物质进行光化学反应后产生的。二次污染物产生的重要因素之一就是施工现场的机械在工作时排放的氮氧化物（NO_x）。

二、水污染

水污染是指水体因排入其中的污染物导致水体的物理、化学、生物等特征变化与水质恶化,破坏了水中原有的生态系统及水体功能,超过了水体的自净能力,使水不能被有效利用,甚至危害动植物健康的一种污染现象。根据施工项目造成水污染的污染物性质,可将水体污染分为化学性质的污染、物理性质的污染及生物性质的污染。

化学性污染包括酸碱污染、需氧性有机物污染、营养物质污染和有机毒物污染等;物理性污染有两种,即悬浮固体污染和热污染;生物性污染是指微生物进入水体后,令水体带有病原生物施工项目造成的水污染,主要有施工作业排污、基坑降水排水、施工机械设备清洗、实验室器具清洗和后勤生活污水等。

由于施工项目在不同实施过程中的方法迥异,现场所在地以及工地的面积、工种不一,因此造成水污染的途径和形式也各有差异。其中,需要疏、磨桩或钻探的施工项目所造成的水污染是相对比较大的。而就一般的施工项目而言,造成水体污染的途径可分为以下五种。

(一)施工过程中产生的污染物无序排放

在施工项目工地上,水经过使用后,难免会被掺杂污染物,如沙泥、油污等。如果污水能被自行消化、吸收或循环再用,避免随意排放,那么便可舒缓工地水体的污染情况。然而,由于各种主观因素和客观因素,在施工项目中产生的污水往往会被排放于工地之外,因此通常都会使附近的水体受到污染。

(二)施工过程中产生的污染物随意弃置

在施工现场产生的污染物有三种形态:液态、固态及固液混合态。若液态污染物未经处理便随意排放,就会引起水体污染。而固态及固液混合态的污染物则会在被运往工地外弃置后,在该处通过地下水、河流和海域等渠道污染水体。

(三)生活污水

工地常常会修建食堂和厕所供施工人员使用,这两个地方常会造成生活污水的产生。其中,食堂产生的污水有洗涤食物水、肥皂水;厕所产生的污水则包括人类排泄物及冲厕水。而排放物常含有大量的生物营养物质,在排放后易对附近环境造成水体污染,造成较为严重的后果。

(四)降雨径流

雨水常会随着附近的山涧、河流进入施工现场,在工地地面上造成径流或积存,再混杂工地的污染物,如沙泥等,便会造成污水,并在排放后污染水体,影响环境。

(五)意外事故

施工现场意外事故的发生常常会引起水体污染,比如化学物品泄漏、工地火灾或者水灾等。每个施工现场都或多或少地存在一些潜在危机,例如工地在发生火灾时,会使用大量的水作救火之用,因而不可避免地在工地造成大量的用水积存及排放,并会在接触污染水体的施工项目后导致水污染。当然,相较于其他工业活动而言,意外事故所产生的水污染还是比较简单轻微的。

总之,由于项目的实施周期较长(尤其基建工程、土地平整、填海造城等土木工程实施过程可长达几年),因此在施工期间持续造成的水污染总量是不可估量的。正因如此,各国政府一直都非常关注施工项目所引起的水污染以及相应的环境保护措施。

三、建筑固体废弃物污染

固体废弃物是指人类在生产、消费、生活和其他活动中产生的固态、半固态废弃物质(国外的定义则更加广泛,动物活动产生的废弃物也属于此类),通俗地说,就是"垃圾"。其中,在施工项目中利用完而弃置于施工现场或周围的固体物和泥浆物被统称为建筑固体废弃物,主要包括废弃原材料和半成品、建筑垃圾、甚至从废水、废气中分离出来的固体颗粒等。

(一)建筑固体废弃物的分类

建筑固体废弃物主要来源于建筑废料和建筑拆卸物。建筑废料主要指水泥、石灰、碎混凝土块、碎石、废钢铁、渣土、废弃装饰材料等,而建筑拆卸物则主要指拆除建筑平整、掘土、楼宇建筑、装修、翻新、拆卸及道路等工程所产生的剩余物料。按物理状态、化学组成成分和对环境的危害程度等标准,可将建筑固体废弃物分为不同的类别。

1)按形态分类

(1)液态。废弃物呈液体状态,如废酸、废碱、废油等。

(2)泥态。废弃物呈半固体状态,如污泥等。

(3)固态。废弃物呈固体状态,如废纸、木材、灰烬、混凝土等。

2)按化学成分分类

(1)有机废物。废弃物中含有机物成分的废弃物。

(2)无机废物。废弃物中无机物成分的废弃物。

3)按燃烧性质分类

(1)可燃性。可焚化燃烧的废弃物,如废纸、废油等。

(2)不燃性。不具有燃烧性质的废弃物,如灰烬、金属、砂石、玻璃及混凝土等。

(3)难燃性。具有可燃性的废弃物,但因水分含量高或含有其他燃点很高或不燃性杂质,致其可燃度降低而难以燃烧的废弃物,如食物残渣、污泥等。

4)按毒害性分类

(1)有害性。废弃物成分中含有重金属氰化物等有毒、有害物质的物质。

(2)危害性。废弃物中含有微生物滋生,有腐败、致病源的物质,如粪便、食物残渣等。

(3)无害性。不含毒害物质或有害微生物的废弃物,如废土、沙泥等。

(二)建筑固体废弃物的影响

建筑固体废弃物的不断增加意味着需要投入大量的人力、物力和财力来处理这些废弃物。这不仅是一种社会负担,而且在处理这些建筑固体废弃物时,稍有不当就会造成较为严重的环境污染。

施工现场的建筑固体废弃物对环境的影响主要表现在以下几个方面。

1)侵占土地

由于固体废弃物的随意堆放,对土地和植被造成直接的破坏。

2)污染土壤

固体废弃物中的有害成分造成土壤污染,并随着时间在土壤中积累,对植物的生长产生不利影响,还会杀死土壤中的一些微生物,破坏土壤自身的腐解能力。

3)污染水体

固体废弃物中的有害成分经水的浸泡、溶解渗入土壤或随地表径流污染地表水和地下水,造成水体污染。

4)污染大气

建筑材料在运输或堆放过程中造成的建筑废料随风扩散,提高大气中颗粒污染物的含量;

另外,在处理固体废弃物的焚烧过程中可能产生的有害物质也会污染环境。

四、噪声污染

噪声问题与人类生活以及工作环境的拥挤程度相关。目前,伴随着全世界经济飞速发展、人类居住密度增加,噪声已被国际社会公认为严重的环境问题之一。在施工项目中,不可避免地会产生噪声,对附近环境造成滋扰。

(一)噪声污染的影响

施工项目的噪声对周围的影响主要包括以下两个方面。

(1)降低施工现场附近居民的听觉敏感度,损害施工人员的身心健康及其环境权利。一般来说,人在噪声的影响下,会诱发各类疾病。

① 人体的中枢神经系统受到噪声的影响后会致使大脑皮层的平衡性失调,造成条件反射不正常。

② 噪声会损害交感神经,造成人体代谢或微循环失调,以及心室组织缺氧,更严重的会损害心肌,导致胆固醇增高。

③ 噪声会压迫交感神经,造成血管痉挛、血压变化、传导阻滞,还会导致心跳加快、心律不正等疾病。

④ 相较于在低噪声环境中工作的人,长期在高噪声环境中工作的人会更易患高血压动脉硬化、冠心病、胃功能紊乱等疾病。

⑤ 如果人长期暴露在高噪声环境中,严重时会失去正常的听觉。由于听觉器官不断受到刺激,暂时性听觉迁移恢复得越来越慢,听觉器官也会发生器质性病变,造成听力损伤(永久性的听觉迁移)。

(2)噪声会影响人们的正常睡眠,妨碍交谈,降低工作效率;不仅如此,噪声还会令人出现厌恶、烦躁不安、脾气暴躁等问题,影响人的心理健康。

总而言之,噪声的影响是复杂且广泛的,不仅会影响人的生理和心理,还会影响人的正常生活与工作。

(二)噪声污染的来源

通常情况下,施工项目的噪声主要来源于三个方面。

1)机械设备

机械设备产生噪声的原因有两种,一是机械设备在自身工作时产生的声音,二是机械设备工作用于其他物体时所产生的声音。

(1)施工项目现场所使用的大多机械设备有个共同点,即它们往往是经由齿轮、油压或者气压带动的。因此,设备在工作时,内部的零件会由于摩擦撞击或者气体经由高气压位置通向低气压位置而产生噪声。这种途径产生的噪声之所以会刺耳,是因为声频较高,而声压较低。

(2)机械设备在运作时撞击物件产生的噪声是最大的噪声源,如打磨机与墙身摩擦、打桩机与桩柱撞击等。这一噪声的声功率级可达 130 dB,可能会造成施工人员的职业性耳聋,还会引起脱发。不仅如此,由于这一撞击噪声常常具有规律性及持续性,因此对环境的破坏力也较大,会滋扰甚至危害附近的居民。

2)处理和加工建筑材料产生的噪声

工地常用的建筑材料如钢条、木板、瓦砾、棚架等都是较重的材料,而在搬运此类建筑材料时,无论是人工还是机械方式都会因抛掷而无法避免地造成较大声响,从而产生噪声。

3）工人噪声

工人在进行施工活动时,会产生如对话、喧哗、叫嚣等声音,这些即为工人噪声。相较上述噪声,工人噪声对环境的影响较小。

五、光污染

在施工过程中,夜间照明、电焊、灯光及装修阶段产生的玻璃幕墙,是造成光污染的主要原因。其中,工地上的探照灯和强烈的车灯光束彻夜不息并从不同方向交汇,加上焊接工作中的大功率弧焊机造成强烈的弧光,会交织在一起形成严重的光污染。同时,随着装饰玻璃幕墙使用的兴起,大多数高层建筑都装上了镀膜玻璃,而其强烈的聚光、反光效果以及高达15%～38%的反光率,会在阳光的照射下发出耀眼的光芒,造成光污染。

光污染对人体健康的危害主要通过破坏人体视网膜上的感光细胞影响视力,灼伤人体皮肤,令人烦躁。光污染严重妨碍了人们正常的工作、生活,破坏了周围环境。

六、放射性物质污染

放射性物质在施工项目中造成的污染主要是指放射性同位素镭、氡的超标或γ射线。它们来源于基坑开挖时土壤中含有的放射性元素、建筑材料中的混凝土添加剂以及装修材料（如大理石、花岗岩）等。

据相关研究表示,建筑装饰材料放射性物质的超标会直接影响人体健康,如提高白血病等慢性放射病的诱发概率、损害人体免疫系统等,这对老人、儿童和孕妇的影响尤甚。不仅如此,建筑材料中的天然大理石若含有30%的放射性超标物质便会对人体造成外照射（γ射线）和内照射（氡气吸入）的伤害,而长时间生活在具有放射性照射的环境中,会严重损害人体健康。

第三节 施工项目环境保护的管理措施

一、施工项目环境管理的基本步骤和流程

施工项目环境因素管理的基本步骤主要包括：环境因素的识别、评价,控制措施计划,实施控制措施计划和相关检查等,其主要内容包括以下七个方面。

（一）环境因素的识别

识别环境因素要考虑到与各类施工项目管理有关的所有环境因素以及各因素受到何种影响。因此,必须对施工项目的现场作业和管理业务活动进行划分、归类,并编制出该施工项目的环境管理内容表和管理活动表。

（二）环境影响的评价

在施工项目环境管理的计划方案中,需要适当地从主观出发对各项环境因素可能产生的环境影响做出评价。或者在有控制措施的前提下,由项目管理人员对措施控制的有效性及失败后可能造成的后果做出评价。

（三）判定环境影响的程度

为确定重大环境因素，应研究既定的计划方案或现有的控制措施对有害环境因素的控制程度，同时结合环境管理相应的法律法规、标准规范和其他要求，以及施工单位自身实际的能力情况，对施工项目的环境因素按其对环境影响的大小进行分类。

（四）编制环境影响控制措施方案

施工项目的管理人员应当针对评价中的重要环境因素制订相应的计划、控制措施和应急预案，以便应对可能出现的任何环境问题；同时，应当在这些计划和控制措施实施之前进行检查，以确保其适当、有效。

（五）评审控制措施方案

要实行评审控制措施方案，就要做到重新评价环境影响，检查已修正的控制措施方案是否足以控制环境因素，检查方案是否与法律法规、标准规范和其他要求相符，施工单位自身的能力是否能执行方案。

（六）实施控制措施计划

在施工项目的每一道工序中，要具体落实上一步骤中经过评审的控制措施方案。

（七）检查

在施工阶段，要不断检查各项环境因素控制措施方案的执行情况，并对各项环境因素控制措施的执行效果进行评价。另外，当项目的内部和外部条件有所改变时，要确定是否需要提出新的环境影响控制措施计划。同时，还要检查是否有被遗漏的或者新的环境因素，或者视情况而定是否需要重新识别环境因素。

二、环境管理体系框架下的施工项目环境管理

为使施工项目达到既定的环境管理目标，在施工过程中必然要采取与之相匹配的环境管理手段和方法，如法律、经济、行政和科学技术等。目前，环境管理的方法有很多，主要包括环境预测法、环境评价法和环境决策法。

环境管理体系是指在满足施工项目质量的前提下，采用经济、法律、科学技术、宣传教育和行政等手段，通过对环境因素的识别评价控制环境污染，以最大程度达到节约能源和原材料、保护自然生态资源的目的。环境管理体系涵盖了大部分环境管理方法的内容，因此，大多数施工项目都采用了环境管理体系进行施工项目环境管理。

三、施工项目环境管理的具体实施

施工项目环境管理是否有效，与贯彻落实环境管理体系有着举足轻重的关系。"预防污染"是环境管理体系的核心内容，"持续改进"是环境管理体系的目的。只有把 ISO14001《环境管理体系认证》与施工项目的实际工作有机结合，并投入必要的人力、物力和财力资源进行环境管理，才能达到保护环境的目的。

（一）高效环境管理的要求

施工项目环境管理的成效与项目中环境管理体系的运行密切相关，并且在很大程度上是由该施工项目对环境管理体系中的要素的贯彻实施程度来决定的。ISO14001—2004《环境管理体系标准》中列举的几个要素在环境管理体系中占据着相当重要的地位，并与重要的环境因素有着直接或间接的联系。因此，施工项目在贯彻环境管理体系时，要围绕环境因素的识别与

评价,把握这几个关键要素的要求,这是高效环境管理不可缺少的环节。

1)策划要求

(1)识别和评价环境因素。识别和评价环境因素是施工项目环境管理中最重要也是最不易做好的工作,无论是发放调查表、现场调查还是收集资料,都离不开发现、识别和评价环境因素这一重要任务。识别环境因素时,应遵循"力求全面,不发生遗漏"的原则性要求。要注意的是,识别环境因素要在信息收集工作开始时就进行,并且必须贯穿施工项目的始终。同时,随着项目的施工进展和环境管理体系的运行,应不断更新,继续识别环境因素。

环境因素评价结果中的重要环境因素既是施工项目环境管理制订控制计划的依据,也是环境管理体系的实施与运行、检查与纠正措施等要素输入的基础。而这一重要环境因素往往是通过梳理施工项目环境因素或者通过判定环境影响范围的大小、危害程度、与标准对比等方式得出的。

(2)法律、法规和其他要求。此处提及的"法律、法规"指的是与施工项目环境保护相关的法律法规,而"其他要求"则指的是施工项目相关方的协议、非法规性指南、自愿性业务范围或环境标志、组织的承诺和要求。法律、法规和其他要求是确定施工项目重要环境因素的依据,也是制定施工项目环境方针、目标的基础,贯穿整个项目环境管理体系,也是项目的一个守法承诺。

由于控制重要环境因素满足法律、法规和其他要求,是识别和评价施工项目环境因素的目的,因此,应根据环境因素的识别和评价来选取适用于该施工项目的法律、法规和其他要求。在选取之后,要将已确定的法律、法规和其他要求列成清单,并及时更新。同时,还要明确在施工项目环境因素的控制中应遵守的法律、法规和其他要求,并将此作为标准与施工项目阶段的空气污染、噪声污染和水污染等重要环境因素进行监测对比,对于不达标的污染物必须禁止排放。

(3)目标、指标和方案。施工项目的环境目标是控制环境因素的目的,环境指标是为了实现环境目标的具体安排。除了要制定施工项目的环境总目标和总指标,还应该制定各施工阶段的环境相应目标和相应指标。在制定环境目标和指标时,要综合考虑施工项目的环境、法律法规、相关方要求、技术、经济、运行等方面的要素,还要兼顾不同施工阶段的需要。应注意能量化的目标和指标要尽可能量化,以便测量。

由于施工项目环境管理方案的制订是为了实现环境目标和指标,因此方案的主要内容必须要体现施工项目在进行中实现环境目标和指标的方式。也就是说,在制订环境管理方案时,一定要根据施工项目的实际情况,安排方案实施的具体时间和完成时间,并保证每一类可控制或可造成影响的重要环境因素至少有一个对应管理方案。若方案在实施中效果不明显,且不能实现所制定的目标和指标时,则应根据施工项目的实际情况进行修改。

2)实施和运行的要求

(1)人员管理。项目经理要为环境管理提供必备的人力资源,而人力资源是指管理人员和具有环境方面专项技能的人员。对于施工项目环境管理来说,应当成立环境保护小组,任命项目经理为组长,项目总工程师为副组长,组员包括项目各部室领导和各工程队队长。同时,要在项目经理部门设置环境保护管理部门,包括专职环保员和兼职环保员。

不仅如此,还要规定小组内人员的职责和权限,确定施工项目环境管理的职能分配表。在职能分配过程中,各部门要注意负责控制与自己部门相关的环境、政治、经济因素。各工程队要控制各自施工活动中产生的环境因素。

除此之外，要让施工项目的环保工作到位，就必须树立起员工的全员环境意识。因为环境保护需依靠广大员工，所以忽视对员工环境意识的培训往往会偏离环境管理体系的要求。环境管理体系中的培训有两个方面：一是增强员工环境意识的培训；二是加强对从事重要环境因素控制的工作人员在提高其控制环境因素技能方面的培训。

（2）信息和文件控制。项目部门应建立起畅通的交流平台，加强员工对于环境管理信息的交流，调动其保护环境的积极性，并增强其对于施工项目环境绩效的关注。文件控制是指控制环境管理体系所要求的文件，要具有充分性、适宜性和有效性，并明确制定施工项目的文件管理程序。

（3）对重要环境因素的控制。运行控制是指对产生重要环境因素的施工项目的各阶段实施控制，从而确保遵守法律法规和其他要求，实现环境目标指标，避免或将环境影响的风险降至最低，并建立与控制重要环境因素有关的程序文件。值得注意的是，根据施工项目各阶段重要环境因素而制订的控制措施、管理方案和应急预案要对相对应阶段的重要环境因素实施有效控制。

另外，要考虑到施工过程中可能存在的对环境产生影响的潜在事故或紧急情况，从而制定相应的响应程序，避免或减少该情况发生后对周边环境的影响。即使潜在事故或紧急情况发生的次数很少甚至从未出现，但也应对其加强重视且要保证应急响应程序的可行性和有效性。

3）检查的要求

（1）坚持例行检查、改进不符合要求的内容。为了控制与重要环境因素有关的施工活动的有序进行以及评价某一施工阶段的环境绩效，就需要监测和测量。如监测排向环境的废气、废水、固体污染物的含量是否满足适用的法律法规和其他要求，测量使用的水、能源和原材料消耗是否实现了环境目标和指标，监测和测量与重要环境因素相关的施工活动等，从而确保目标和指标的实现。

检查结果不符合有两个含义，第一个含义指体系绩效不符合，即施工项目环境管理体系本身制定的问题；第二个含义指环境绩效不符合，如未能实现环境目标和指标，未能按要求维护好控制环境因素的设施和测量设备，未能按规定的准则和方法控制环境因素等。

施工项目环境管理中的检查不符合通常指第二个含义的不符合，包括潜在的不符合和已经出现的不符合两个方面。其中，对潜在的不符合要采取预防措施，防止生产检查不符合的情况发生；而对已经出现的不符合，要采取相应的纠正措施，防止以后再产生类似的检查不符合的情况。

在检查过程中，施工项目通常利用表格的方式来登记检查记录以及纠错记录。

（2）内部审核。内部审核是一个检查过程，通常在实行过程中都能检查出偏离施工项目环境管理体系运行要求的措施以及检查现有体系与施工项目现状的相适应度，从而改进环境管理体系。因此，内部审核也可以说是施工项目环境管理体系的自我完善机制。

内部审核应定期进行，并要确保审核过程的客观性和公正性，以保证环境管理体系对施工项目的持续适用性。

（二）重要环境因素的预防控制

1）空气污染的预防控制

（1）空气污染的预防方法。公认的处理空气污染的最佳方法是预防，因此在施工项目的现场，通常都会选取有效的预防措施，极力避免可预见的空气污染，以达到保护环境和人类健康的目的。下面对空气污染的三种预防方法进行介绍。

① 改良易产生扬尘的物料表面性质。施工项目现场的扬尘主要由道路、材料表面的微粒物质随风流动产生。为了减少这种情况下产生的扬尘，通常都会使用改变表面性质的办法。例如，在道路表面铺设混凝土、沥青等材料，在泥沙等易产生扬尘的材料表面覆盖隔尘布等。

② 妥善使用或者减少使用施工机械。在施工过程中，会用到很多机械设备，以提高施工效率，与此同时也会带来空气污染。因此，减少施工机械的使用，会在一定程度上减少空气污染物的产生，而选择适当型号和数目的机械也可达到减少废气排放的效果。

③ 避免使用不符合环保要求的材料。要实现施工项目环境管理，就必须识别不符合环保要求的物料（如含硫的燃油经燃烧会产生二氧化硫等），减少或避免使用该类材料。

（2）空气污染的治理方法。相较预防而言，治理是处理空气污染的次一级方法，其目的在于降低污染的程度或避免污染物的扩散。空气污染的治理方法一般有两种。

① 围堵及隔离法。围堵及隔离法是指通过避免污染物的扩散途径，将污染物局限在一个特定范围内，把污染物和外部环境分隔开来，使外部环境避免受到空气污染。例如，在堆放易产生扬尘的材料顶部和三侧设置围护、清拆石棉时将该地区围封等。

② 转化法。当围堵及隔离法由于地理条件、资源等问题不能被采用时，就要考虑转化法。转化法是指将空气污染物由一种形态转化为另一种形态后脱离空气，以减少空气污染。一般来说，转化法都是把空气污染物通过空气媒介转换为带水媒介。如施工现场常采用的洒水，就是将颗粒污染物（如尘埃等）吸附在水的表面，使其增加重量产生降尘，从而达到以水降尘的目的；但在大风和炎热的环境下，以水降尘的次数需增加，同时还要避免过分用水，应尽量使用质量不太高的水作降尘之用。

（3）空气污染的具体控制措施。空气污染的具体控制措施主要分为两大类。

一是颗粒污染的控制措施，主要有八点。

① 存放施工现场易产生颗粒污染物（如水泥、白灰等）的建筑材料时应"下垫上盖"，以保证严密覆盖存放，最好放入密闭库房存放。

② 为防止易产生颗粒污染物（如水泥、白灰等）的建筑材料在运输路途中遗洒，或在卸货时产生扬尘，应该在运输时对其进行遮盖，卸货时也应当注意。

③ 施工项目应优先选用预拌混凝土，若需要现场搅拌混凝土，则应集中建立搅拌站并封闭。同时，要运用先进设备参与混凝土搅拌，并在进料仓上方安装除尘装置，以达到有效防尘、降尘的目的。

④ 硬化施工现场道路，对路面层改用混凝土、级配砂石等材料，并建立洒水清扫制度，专业洒水清扫，减少道路扬尘的情况。

⑤ 覆盖或固化在施工现场集中堆放的土方，派专人负责洒水降尘，控制土的含水量在15％～25％，或者采用表面植草等临时固化措施。

⑥ 在实施易产生颗料污染物的施工作业时，必须采取有效的控制措施（如局部围挡以水降尘等方法）来防止空气污染，严禁在四级风以上的天气条件下进行这类施工活动。

⑦ 及时清理施工现场的建筑垃圾。

⑧ 施工现场设置车辆冲洗池，避免车辆因沾带泥沙等污染物造成扬尘。

二是有毒有害气体的控制措施，主要有四点。

① 为确保施工现场运输车辆、施工机械设备的尾气排放符合国家或地方的相关排放标

准，需安装尾气净化设施。

② 避免使用伤害人体健康、污染环境的建筑材料。

③ 使用符合环保要求的混凝土外加剂。

④ 施工现场严禁焚烧会产生有毒有害气体的物料，如沥青等。

2）水污染的预防控制

（1）水污染的防治方法。要在了解施工项目现场会导致水污染的途径后，才能研究水污染的预防治理方法。施工项目环境管理对水污染的防治方法的依据是：明确施工项目造成水污染涉及的步骤，且每个步骤息息相关，因此中断途中的某一步骤，就意味着不会产生水污染。

① 避免在施工期间产生污染物。施工项目常常会产生很多污染物，如果能在施工期间防止这些污染物的产生，则可避免水污染。这一过程避免施工项目水污染产生的途径有两种：一是改良施工方法，在不背离施工项目既定目标的前提下，改变传统施工程序，同时选用不会产生或产生较少污染物的施工程序来代替原有的施工程序；二是循环再利用污染物，要实现污染物的循环再利用，就要把施工项目中产生的污染物在工地内循环再用，并重新调配及利用原来需要进行处理的废弃物，如施工现场常常将使用磨桩、钻探、洗屋面等工序造成的污水用作降尘或者清洗车辆等。这不仅可以减少污染物的产生，还可以节省资源，同时也避免了一定的水污染。

② 在排放点处理污水。施工项目常见的一种水污染治理方法是在污染物排放前作处理以改善所排放污水的质量。虽然这是一种补救措施，但对控制水污染的作用很大，且经济可行。

③ 减少及防止水体进入施工现场。降雨等自然因素可能会造成施工现场水体涌入，冲刷土质和污染物，造成污水。为了减少或防止大量水体进入工地，应该在工地设置疏浚设施，避免雨水进入工地变成污水。

④ 减少外来水体混集工地物质。减少外来水体混集工地物质，需把施工现场中的物质与雨水隔开，防止雨水进入施工现场后大量存积并与工地物质互相混集而产生污水。

⑤ 规范弃置污染物。施工现场会产生很多污染物，弃置污染物的存放难免污染水体。对此，要规范弃置污染物，即划定污染物储存区域，远离敏感区，避免因污染物四处弃置造成污染的可能，从而集中治理与分段治理污染物。

⑥ 防止意外事故泄漏污染物。在环境管理计划中，应对意外事故造成水污染的紧急情况制订应变措施，以避免意外事故发生，导致污染物泄漏，造成环境污染。

（2）水污染的具体控制措施。

① 控制施工污水。施工项目污水的排放应该严格按照国家发布的《污水综合排放标准》的要求，不允许污水未经处理直接排放；在施工现场设置沉淀池，施工中产生的污水，如搅拌污水、水磨石污水必须经过沉淀池的沉淀处理后才能排放；对于施工项目实验室里的有毒废水，应进行无毒处理，达到国家规范要求后才能排放；对施工项目现场存放的化学添加剂、油料应在专门设立的库房保存，防止污染水体。

② 控制生活污水。在施工现场的食堂设置隔油池，生活用油经隔油池沉淀后才能排放，要定期对隔油池中的浮油进行处理，并清理其中的杂物；对施工现场厕所产生的生活污水应采用防渗漏措施并使用简单装置进行处理，尽量接入市政污水管道。

3）噪声污染的预防控制

建设项目在施工阶段的噪声管理可以从声源、传播途径、接受者防护三个方面来进行控制。在选择使用方法时,必须综合分析施工项目的实际情况,考虑噪声影响范围、施工工艺和方法、成本效益等各项因素。同时,要尽可能根据各施工工序的情况分别确定控制途径,并采取对应的噪声控制措施,从而降低施工项目周围的噪声污染。控制噪声主要有以下几个方法。

（1）控制噪声源。降低噪声源就降低或消灭了噪声。一般降低噪声源的方法有两种:一是降低噪声产生的功率,可通过改善设备结构、提高部件加工精度和装配质量等方法来实现;二是控制声源的辐射功率,即采用消声措施,并利用原理技术,如反射、吸收、干涉运用隔声、吸声、隔振、防振等方法实现。

① 改善设备结构,使用静音机械。由于受到技术、设施等客观条件的限制,降低噪声源是难以实现的。也就是说,施工企业在履行环境保护义务时,并不能完全控制噪声源。因此常用的方法就是改造噪声源,让噪声源降低发声功率和辐射功率。目前在施工现场常见的方式为——高资金投入,将高噪声型设备换成较静音型设备。

② 改善施工方法。为降低施工时产生的噪声,可以利用新的施工方法和工艺,并采用能满足项目的质量、工期成本目标且噪声较低的设备。可以采用五种方法:用油压式破碎机代替传统的破碎机进行拆卸工程,以降低噪声;部分地下公共设施工程使用较安静的顶管法以代替明挖法;使用低噪声的焊接代替高噪声的焊接;施工时,可选择较安静的施工机械,如柴油打桩机在 15 m 外,其噪声达到 100 dB,而压力打桩机的噪声只有 50 dB,因此可以使用压力打桩机进行施工;使用塑料垃圾槽代替金属垃圾槽,减少在倾倒垃圾时产生的声浪和噪声。

③ 机器定期保养。施工项目上的机械设备动力机（如马达、引擎等）,是机械设备制造噪声的罪魁祸首。但由于它们需要经常使用且不能随意更换。因此只能定期对其进行保养,添加润滑剂,以避免金属磨损,从而达到用消减摩擦声来实现减少机械设备噪声的目的。

④ 设备处理防振。振动是防止音源产生噪声最困难的问题。因此,在购买或租赁机械设备前,就要考虑低弱振动的机器,或向供货商索取与该设备配套的防振垫。

⑤ 设备加装防音罩及灭音器。对设备加装防音罩及灭音器是通过控制噪声源来达到降低噪声效果的一种方法,即利用防音板材包裹音源,大大减少传播声音。

（2）阻隔噪声的传播途径。运用吸声、隔声、消声等原理设置隔音墙（防音屏）和声音缓冲区,并利用声学方面的知识和技术来合理布置噪声远离敏感区,以切断声音传播途径,将噪声声源远远地隔离于居民区之外,从而达到减少噪声污染的目的。

（3）接收者的防护管理。在噪声的控制工作中,对接收者进行防护管理是比较消极的做法。故此,相关管理人员在考虑灭音方案时,往往都较少选择以保护接收者为原则的噪声管制方式,且承建商也较少以此来处理噪声问题。

（4）噪声污染的具体控制措施。

① 施工项目应该遵守国家标准,合理布局施工场地,同时以降低工地附近声音敏感地带的噪声为目的,确定科学的施工和运输方案。

② 当施工噪声较强时,要严格控制作业时间,尽量避免在 2:00—6:00、12:00—14:00 的敏感休息时间进行高噪声作业。如果必须夜间施工,则需告知周边居民,并采取适当的降噪措施。

③ 在施工现场设置噪声监控点,定期监测噪声值,如若发现噪声超标,应立即采取对应的

控制措施。

④ 对施工项目中敏感部分或有特殊要求的工程,需要转移声源,进行封闭式隔声处理或包裹降噪安全围帘来减少噪声。

⑤ 尽可能选用低噪声的施工设备和先进的施工工艺,否则,应要求对高噪声设备进行改进或采用消声、隔声、减振、隔振的措施。主要通过对声源处降噪,如设置消声器,包裹阻音材料,更换设备发声处材质等方式实现。

⑥ 加强对各种施工机械设备的保养,定期检查、维护、清洗、上油,降低设备在运行中因磨损、松动等产生的噪声。

⑦ 通过吸声、隔声等方法从噪声传播途径上降低施工噪声对环境的影响,如可以采用绿化吸声的隔声手段来减轻噪声污染。

⑧ 禁止施工现场运输车辆鸣笛。

⑨ 禁止人员在施工现场喧哗,从而控制工人噪声。

⑩ 必要时对工人工作间做隔音处理,给现场施工人员配备耳塞,以降低噪声对员工身体的伤害。

4) 固体废弃物污染的预防控制

(1) 减少固体废弃物的方法。

① 制订建筑减废计划。为了减少施工项目固体废弃物的产生,施工单位要在开工前制订全面的计划来安排施工现场可能产生的固体废弃物,并制定固体废弃物管理和减废的工作模式;同时,要研究主要废弃物的类别和减废方法,从而减少固体废弃物的产生,避免因此带来的环境问题。较为妥善的建筑减废计划包括主要废弃物类别、减废目标、减废措施等。

② 低废量施工技术的使用。在拆卸工序方面,要尽可能地使用可回收再用和可再造的材料,并优先考虑使用人工拆卸方式,再考虑使用推土机、破碎机等机械设备。这是因为,如果在拆卸时采用了机械设备,那么所拆卸的材料就会报废,无法再次回收使用。同时,应按次序、分阶段地拆卸,以便将可回收再利用的材料分类。

在材料管理方面,要选取最优的库存策略,即在适当时间订购适当数量的材料,以避免材料积压导致的变质受损,并采取恰当的保护措施,以应对剩余材料的贮存。

在使用材料时,应正确使用减废措施的规定材料,避免材料浪费。另外,对于回收再利用和循环再造来说,废弃物的分类十分重要。因此,为了方便分类废弃物,应预留充足的空间,尽量在原地分类废弃物,而通过回收再利用和循环再造,拆卸工程的废弃物便可作为建筑材料再次使用。

(2) 处理固体废弃物的方法。固体废弃物处理是指通过一定的手段、方法改变其物理性质或化学性质,使固体废弃物适于运输、利用、贮存或处置的过程。对于施工项目来说,处理固体废弃物通常会采用物理和化学两种处理方法。

物理处理方法是在不破坏固体废弃物的物理性质的前提下,通过浓缩或类似改变固体废弃物结构的一种处理方法。

化学处理方法是采用一定的技术方法破坏固体废弃物中的有害成分,使其发生化学变化,同时使固体废弃物变得无害或者使其处于适于进一步处理形态的方法。常采用的化学处理方法有堆填和焚烧两种。

① 堆填是处理固体废弃物的一种最终处理方法。它是一种处理废弃物的方法,也是一项

覆土造地的环保措施。而堆填方法由于经济易行成了目前处理固体废弃物的一种主要方法。

② 焚烧是对可燃性固体废弃物的一种减量、无害和资源化一体的处理方法,也是一个对其进行高温分解、深度氧化的处理过程。该方法可以大幅度减少固体废弃物的体积,但处理成本较高。

(3) 固体废弃物的具体控制措施。

① 对施工材料、建筑垃圾的运输控制。控制运输车辆车轮的泥沙带有量,并对其进行定期冲洗;在运输易产生颗粒污染物的材料时,应对材料分类,不混放,同时要封闭车厢或严密覆盖车辆;将固体废弃物运送到政府指定地方处理。

② 对固体废弃物贮存的控制。临时设定砖砌石状的固体废弃物存地;分类管理贮存场所的固体废弃物,分开放置可回收的和不可回收的固体废弃物,单独贮存可能造成二次污染的固体废弃物。

③ 加强回收处置与重复利用。分类处理建筑垃圾;尽量回收利用施工材料。

④ 环保产品的使用。使用环保的建筑材料、建筑工具、设备设施;在办公室推行无纸化办公,节约办公用品。

5) 光污染的预防控制

预防控制光污染的主要措施有四点。

(1) 选取施工现场的照明灯具时,要注意控制灯光亮度和器具种类,在满足照度需求的同时节约能源,减少光污染。

(2) 避免施工现场的大型照明灯具直接照射居民区,可通过以俯视角度安装灯具、利用隔离屏障(如灯罩、挡光板)等措施,减少对施工现场附近居民生活造成的影响。

(3) 电焊作业时,应采取避光屏障,以防止电焊弧光外泄,并远离居民区。

(4) 对夜间施工照明灯进行遮光处理(如加设灯罩等),同时要控制光照区域,尽量将其集中在施工现场。

6) 放射性污染的预防控制

预防控制放射性污染的措施有两点。

(1) 在施工项目实施过程中,采用绿色环保的建筑材料。

(2) 分析施工项目所在地的土壤中是否含有放射性元素,如果有,则要通过分析后采取对应的措施来处理。

第四节　案例分析——公路施工项目的环境保护管理

随着我国公路建设的飞速发展,公路引起的环境污染、对周边生活环境的影响等问题也日益突出。如何基于我国国情,分析与评价公路建设过程中对环境的影响,并采取措施减少公路建设的环境污染,以恢复生态损失,将是一项新的环保课题。

一、公路环境保护

(一) 环境保护的内涵

《中华人民共和国环境保护法》中第一条规定:为保护和改善环境,防治污染和其他公害,保障公众健康,推进生态文明建设,促进经济社会可持续发展,制定本法。也就是说,要运用现代环境科学的理论和方法,在更好地利用资源的同时,还要深入认识和掌握污染破坏环境的根源和危害,有计划地保护环境、恢复生态,预防环境质量的恶化,控制环境污染,促进人类与环境的协调发展。

(二)公路环境保护

公路环境保护主要有两项工作:一是公路施工期对环境产生的影响及范围,要采取环境保护措施,积极开展环境保护的工作;二是在公路的设计、施工中,要充分重视环保工程的建设,减轻对公路沿线环境的影响。

(三)公路环境问题

公路的施工建设可能造成四种环境问题。

(1)破坏当地沿线生态、绿化环境。

(2)造成当地水土流失。

(3)破坏沿途的自然风貌、风景,造成景观环境损失。

(4)造成环境污染。

(四)公路环保功能

为了实现公路的环保功能,设计时要遵循现行的《公路工程技术标准》(JTG B01—2014)及《公路环境保护设计规范》,并按公路工程施工的技术规范施工,从而调整与完善对自然环境的保护。其中,可以采取的措施有五项。

(1)路基工程在施工时,要结合造地与疏导排水,以起到防止水土流失的作用。

(2)路面工程要防尘、防水,保证公路沿线环境不被污染。

(3)在桥梁涵洞工程施工时,要考虑对公路路域景观环境的影响。

(4)涉及排水工程时,要防止路面水、油污、有害元素进入农田,避免农田污染。

(5)防护工程的主要目的是减少水土流失,与环保的关系最为密切。

(五)公路环保措施

在公路施工阶段,可采取的环保措施有以下几个方面。

1)生态方面

(1)土方工程施工时应避开雨季。

(2)施工取土边开挖边平整,有序取土,及时还耕,及时恢复景观。

(3)雨水充沛区及时设置排水、截水沟,减少边坡崩塌、滑坡。

(4)绿化边坡植草。

(5)将临时用地原表层的熟土集中堆放,待施工完毕后,恢复原地表层。

2)声环境方面

(1)当施工区域与民宅的距离小于150 m时,为保证居民夜间休息,在规定时间内不得施工。

(2)与施工路段附近的学校和单位协商,减小施工噪声对教学、工作的干扰。

(3)定期保养机械,使机械保持最低声级水平。

(4)对工人进行人身保护。

3)环境空气方面

(1)公路施工堆料场、拌和站周围200 m内不应有居民区、学校等环境敏感设施。

（2）沥青混凝土搅拌站设在居民区、学校等环境敏感点的下风向处，不采用开敞式、半封闭式沥青加热工艺。

（3）施工过程中定时洒水降尘，运输粉状材料时要遮盖。

4）水环境方面

（1）沥青、油料、化学物品等不堆放在水井及河流、湖泊附近，防止雨水冲刷进入水体。

（2）施工驻地的生活污水、生活垃圾、粪便等集中处理，不直接排入水体。

二、公路施工项目的环境影响评价

下面笔者从目的、方法、内容等几个方面对公路施工项目的环境影响评价进行介绍。

（一）评价目的

（1）通过对公路建设活动可能产生的影响进行分析，预测影响范围和程度。

（2）提出可行的环保措施，以减轻公路建设项目活动所带来的不利影响。

（3）为公路建设项目的环境管理提供依据。

（二）评价方法

（1）通常都会采用点线结合的方法，以点带线。

（2）对环境空气、声环境采用计算和类比分析的方法。

（3）对生态、水、社会经济采用调查分析法。

（三）生态环境保护

（1）实施公路工程时，要保持水土，由于坡面容易发生水土流失，因此要防止坡面侵蚀和泥沙沉淀。

（2）施工中要及时采取以绿化为主的防护措施。

（四）生态管理

（1）多设置中央分隔带，如种植草木等。

（2）采用较低的路基，使公路融合在环境之中。

（五）环境补偿

例如，采取占用多少湿地，就在附近补偿同样面积或更大面积的湿地，使所在地的生态功能少受影响。

（六）影响公路施工项目的主要因素

1）大气

在路基施工中，由于挖土、填土、推土以及土方临时堆存的过程难免会产生一定的粉尘。另外，筑路材料的运输、装卸以及临时堆存的过程也会有粉尘散落到周围的大气中。根据类比施工工程的实测资料可知，在正常情况下，施工活动产生的粉尘在区域近地面环境空气中的总悬浮颗粒物（Total Suspended Particulate，TSP）浓度可达 $0.5 \sim 5.0 \, \text{mg/m}^3$，而在风速较大或汽车行驶速度较快的情况下，粉尘污染更为严重。

不仅如此，运输车辆、内燃机等施工机械的运行都会排放污染物，造成短暂的空气污染。作业机械，如载重汽车、柴油动力机械等燃油机械，排放的主要污染物是一氧化碳（CO）、二氧化氮（NO_2）等。根据类比监测资料可知，距离现场 50 m 处 CO 每小时的平均浓度分别为 $0.2 \, \text{mg/m}^3$ 和 $0.13 \, \text{mg/m}^3$，日均浓度分别为 $0.13 \, \text{mg/m}^3$ 和 $0.062 \, \text{mg/m}^3$；而由于大型施工机械较为分散，对空气环境的污染程度则相对较轻。

2）噪声

公路施工项目期的噪声主要来源于施工机械，如推土机、压路机、装载机、平地机、挖掘机、摊铺机、发电机（组）等。这些机械正常运行时在距离声源 1 m 或 5 m 处的噪声值在 76 dB—98 dB 之间。同时，这些突发性非稳态噪声源会对施工人员以及距离较近住宅区的居民等产生影响。

3）水环境

公路项目施工期间水环境的污染源主要有施工机械跑、冒、滴、漏的污染，露天机械被雨水等冲刷后产生的油污染，施工人员产生的生活污水。

4）固体废弃物

施工工地上常见的固体废弃物包括施工渣土和生活垃圾，其中施工渣土包括渣土、混凝土碎块、废钢铁、废屑、散装水泥、石灰等；生活垃圾包括炊厨废物、丢弃食品、废纸、生活用具、玻璃、陶瓷碎片、废电池、废旧日用品、废塑料制品、煤灰渣、废交通工具以及设备材料等的废弃包装材料。

5）生态影响

在公路项目施工过程中，对沿线生态环境的影响主要表现在四个方面。

（1）公路永久占地及施工临时占地对自然植被的破坏。

（2）施工过程中占用土地，将减少当地的耕地和植被面积，对农业生产会产生一定的负面影响。

（3）工程施工过程中开挖土方，扰动地表，雨季将引发水土流失。

（4）施工过程中也将对当地的景观环境产生一定的影响。

6）社会影响

公路施工项目的社会影响主要体现在三个方面。

（1）占用土地、砍伐树木带来的土地重新分配和赔偿问题。

（2）拆迁将带来的搬迁损失问题。

（3）交通中断问题，文物、电力、水利等问题。

三、公路施工项目中的环境保护

（一）生态环境的保护

对于公路工程施工而言，生态环境的保护可以从以下几方面着手。

1）植物与植被的保护

（1）施工过程中应严格遵照设计方案，合理利用施工现场，尽量不破坏周围植被。

（2）合理安排现场，区分临时施工区及永久施工区。

（3）尽量对施工区域外的天然植被予以有效保护，竣工后应尽可能地恢复施工区的植被。

2）土地占用的控制

（1）严格控制公路施工单位的临时占地，不得侵占非施工场地。

（2）合理设置机械车辆存放便道、用料堆积等场地。

（3）强化施工人员的耕地保护意识。

（4）公路施工项目的改建工程应充分利用原有土地，不得占用不必要的土地。

3）野生动植物的保护

施工单位应制定科学、合理的规章制度，限制施工人员及车辆的活动范围，严厉禁止施工人员猎杀野生动物或采挖野生植被的行为。

（二）噪声的防治

在公路项目施工过程中，要实现噪声防治，就要做到以下三个方面。

（1）严格按照文明施工的规定，及时淘汰落后的设备，尽可能采用轻型振动机械，对设备机械产生的噪声予以有效控制。

（2）严格限制施工时段，各种施工活动尽量在白天实施，若一些施工必须在夜间进行的，应尽可能减少设备的使用，采取人工施工的方法。

（3）引进吸声、消声的现代降噪技术，有效养护施工设备，确保其能够正常运转。

（三）水土流失的防治

随着我国经济的不断发展，环境保护中水土流失的防治问题也越来越受到重视。只有做好水土流失的防治工作，才能为环境保护工作的可持续发展提供可靠的保障。而在公路项目施工过程中，防治水土流失应做到以下六点。

（1）在进行公路项目施工前，应意识到水土流失的危害，科学设计施工，合理设定土石方填挖施工现场的临时排水系统，及时疏导雨水，以此避免雨水过度冲刷挖填土坡坡面。

（2）及时填方坡面，有效绿化坡面。

（3）合理确定借土弃土位置，适度开采砂石料场，及时分离并处理料场弃土并渣。

（4）将多余的土方用于坡面的整理。

（5）必须外运的土方应将其运送到无自然保护价值的规定区域，注意弃土不得破坏或掩埋地表植被，绿化设计弃土场，加快恢复植被，预防水土流失。

（6）当堆弃高度较高时，应合理设计坡面，并设置挡土构造物，从而有效预防坍塌事故的发生。

（四）污水排放控制

公路项目施工过程中会出现大量的污水，如果不进行处理，直接排放，则会严重污染环境，所以应采取有效的处理措施，主要有三点。

（1）在排放污水前，应基于有关标准进行检测，如果不符合标准，则应迅速、有效地处理。

（2）由于施工过程中所出现的废水污染程度不同，因此应结合其特征采取有效的处理方法。

（3）应注重保护地下水环境，在水资源匮乏的地区，应尽量控制地下水的使用量。如果工程的确需要，使用后应及时回灌，但在这一过程中，应保证水资源不被污染。

第九章

施工项目资源管理措施

施工项目资源管理是项目顺利实施的基础工作,一个优秀的施工单位必须具备完善的项目资源管理体制,本章介绍了施工项目资源的优化配置、资金管理、材料管理、机械设备管理、劳动力及劳务队伍管理进行介绍。

第一节　施工项目资源的优化配置

施工项目资源的优化配置是项目成功必不可少的前提条件,是加强项目成本控制、提高工作效率、增加经济效益的主要途径,在现代建筑的施工项目管理中非常重要。

一、资源优化配置的概念

资源的优化配置是指按照优化原则安排资源在时间和空间上的位置,使人力、物力、财力等适应生产经营活动的需要,要保证数量和比例的合理性,从而在一定的资源条件下实现经济效益最大化。具体来说,即企业领导层按照优化原则进行项目配置,安排各种资源,而项目管理层则按照优化原则组织各种资源的结合。

二、资源优化配置的意义

做好项目资源的优化配置,一方面可以保证施工项目得以顺利实施;另一方面可以使人力、机械、材料等生产要素得到充分利用,大大降低成本,以编制出现有条件下最合理的资源利用计划。

若各种资源没有按照优化原则进行配置与组合,则各种资源就可能与项目的实施过程脱节,在一定阶段出现某种或几种资源多余或不足的现象:多余会产生积压、浪费;不足时会影响项目的正常实施及进度,不利于项目经济效益的提高。

因此,资源优化配置的最终目的在于最大限度地提高施工项目的综合经济效益,使之按时、优质、高效地完成。

三、资源优化配置的内容

(一)资金

项目资源的第一项就是资金。资金的优化配置不仅要按照最优原则,合理地筹措施工项目所需要的资金,还要按照施工项目的进度计划等科学地预测资金的使用支出情况,从而合理地安排资金在项目不同阶段应投入的数量与方向,使资金实现使用效益最大化。

(二)物资

资源的第二项是物资,主要指各类材料。物资供应是否合理与充分是关系到项目能否顺利实施的关键。对物资进行优化配置,就要科学合理地制订材料预算与计划,按照施工进度合理组织物资的采购、订货与运输,完善物资的现场储存与保管工作,制定严格的领用物资制度,杜绝浪费。只有真正做好这些工作,合理安排与使用物资才会成为可能。

(三)机械设备

资源的第三项是机械设备,而要让施工项目顺利进行,就必须加强对机械设备的管理。机械设备是施工项目的主要物质手段,其先进程度、适用程度和完好程度直接关系到施工的效率和进度。因此,要优化管理机械设备,就必须根据项目的具体情况选择先进且适用的机械设备,并按照施工项目不同阶段的需要,合理搭配使用各种机械设备,使其始终保持较高的生产效率,从而优质、高效、顺利地实施施工项目。

(四)劳动力

资源的第四项是劳动力,也就是人。人是施工项目过程中的能动因素,所以要让项目顺利实施,就必须充分发挥人的积极性与创造性,使每个人都能发挥最大潜力。这就需要严格合理的劳动力管理。为此,必须对施工项目进行劳动力组合优化,科学地确定企业劳动定额与定员,充分发挥承包制的优势,使职工的责、权、利相结合,按照多劳多得的原则进行分配等。

四、资源的动态管理

资源的动态管理是指按照施工项目的内在逻辑规律,有效地计划、组织、协调、控制各种资源,利用在建施工项目高峰的错落起伏,使人、财、物等各种资源在项目之间合理流动,并在动态中寻求平衡,以取得经济效益和社会效益的"双丰收"。

施工项目的实施过程是一个不断变化的过程。随着施工项目的开展,各种资源的数量与比例需求也会发生变化。也就是说,在施工项目中,对各种资源需求的平衡是相对的,而不平衡是绝对的。在这种情况下,对于某一阶段、某一时期是最佳资源组合,也许对其他阶段或时期不适用。

对此,施工期间需要不断调整各种资源的配置与组合,最大限度地发挥有限的人力、物力去完成施工任务。同时,要衔接好施工项目的空间分布和施工项目的资源需求时间,并规划施工项目力量在时间和空间上的布局,始终保持各种资源的最佳组合,实现最佳经济效益。这也是资源动态管理的目的和前提。

五、资源计划

为了更好地配合资源的供应与项目进度,首先,必须了解资源的使用情况,以判断其实施的可能性和经济性。在资源数量受到限制的情况下,拟定能够在整个工期内合理使用一定数量资源的计划资源消耗动态曲线,是分析资源与进度配合的基础。这需要根据原确定的进度计划,计算出每个作业中的资源消耗情况,然后分别叠加。确定计划资源消耗动态曲线主要有三个步骤。

(1)在按最早开始时间绘制的时间网络计划上标出每一工序所需的资源数量。

（2）按时间单位把各作业所用的资源数量分别叠加。

（3）画出资源消耗动态曲线。

如果资源消耗动态曲线起伏变化很大或超过资源的限制数，就说明资源消耗与进度配合不合理，必须对资源的消耗量进行调整，根据进度计划均衡资源消耗且不超过资源的限制。

第二节　施工项目资金与材料管理

资金是项目正常运转最主要的资源，而材料供应合理则是施工项目得以顺利实施的关键因素之一。要保证施工项目的正常运转，就必须充分了解施工项目的资金与材料管理。本节主要介绍了施工项目的资金管理与材料管理。

一、施工项目的资金管理

施工项目的资金管理是指合理筹措施工项目所需要的资金，并按照施工进度计划科学预测资金的使用支出情况，从而合理地安排资金在项目的不同阶段应投入的数量与方向，使得资金的使用效益最大化。

（一）施工项目资金的收入测算

施工项目承包的资金管理直接关系到项目任务的实施效果。一项施工任务要占用多少经营资金，占用资金的高峰又在何时出现，所需的资金又如何筹措、怎样安排等，都是资金管理的主要内容。

施工项目资金收入要按合同价款收取，并在实施施工项目合同的过程中从收取施工项目预付款（预付款在施工后以冲抵工程价款方式逐步扣还给施工单位）开始，到每月按进度收取施工项目进度款，直到最终竣工决算，按时间测算出价款数额，拟定施工项目收入预测表，同时绘制施工项目资金按月收入图及施工项目资金按月累加收入图。

测算施工项目资金收入时，应注意以下几个问题。

（1）施工项目资金测算工作是一项综合性工作，因此，测算工作应由各相关专业共同参与，确保测算的精确度。

（2）加强施工项目管理，确保施工项目按合同工期完成，保质保量，避免因罚款造成的经济损失。

（3）严格按合同规定的结算办法测算每月应收的施工项目进度款数额，同时要注意收款滞后的时间因素。

按上述原则测算施工项目的资金收入，形成资金收入在时间上、数量上的总体概念，从而为施工项目筹措资金、加快资金周转、合理使用资金提供科学依据。

（二）施工项目资金支出的测算

1）项目资金支出测算的依据

（1）成本费用计划。

（2）施工项目组织设计及施工项目进度计划。

（3）各种资源供应、储备计划。

根据以上依据，测算出施工项目每月应该支出的人工费、材料费、机械费及其他费用，使整个项目的支出在时间上和数量上有一个总体的概念,以满足资金管理的需要。

2) 施工项目资金支出测算应注意的问题

(1) 从实际出发,使资金支出测算更符合实际情况。虽然在投标报价中就已经开始资金测算,但往往不够具体。因此,要根据施工项目的实际情况,将原报价中估计的不确定因素加以调整,使之符合实际。

(2) 必须重视资金支出的时间因素。资金支出的测算是从筹措资金和合理安排调度资金角度考虑的,因此该测算一定要反映资金支出的时间因素以及合同实施过程中不同阶段的资金需要。

(3) 测算资金支出时,还应考虑资金到位的程度以及施工项目实施过程中可能发生的意外费用支出等。

二、施工项目资金的筹措与管理

施工企业应如何筹措与管理满足工程要求的流动资金是施工项目资金管理的基础要求。

(一) 施工项目资金的来源

为施工项目筹措资金可以有多种不同的渠道,采用多种不同的方法,我国现行的项目资金来源主要有以下几个方面。

(1) 财政资金。包括财政无偿拨款和拨改贷资金。

(2) 银行信贷资金。包括基本建设贷款、技术改造贷款、流动资金贷款和其他贷款等。

(3) 发行国家投资债券、建设债券、专项建设债券及地方债券等。

(4) 企业资金。主要包括企业自有资金、集资资金(发行股票及企业债券)和向产品用户集资。

(5) 利用外资。包括合资、独资和国外贷款。

(二) 施工项目资金的筹措原则

(1) 充分利用自有资金。自有资金可以灵活调度,不需要办理各种申请手续;不需要支付利息;企业自有资金的增多,意味着贷款通过的可能性增加,企业由此可以获得较多的贷款。

(2) 应当把最低资金需要量作为筹措资金的数量目标。如果盲目筹措,不仅会造成资金闲置,而且会增加利息负担。

(3) 把利息的高低作为选择资金来源的主要标准。在筹措资金时,应尽量使用利率低的资金,以提高整个施工项目的经济效益。

三、施工项目的材料管理

对于材料的管理,主要是科学合理地制订材料预算与计划,完善材料的储存与保管工作,制定严格的材料领用制度,杜绝材料浪费,只有做好这些工作,才能实现真正意义上的材料管理。下面对施工项目材料管理的具体事项进行介绍。

(一) 施工项目材料管理的概述

材料是劳动的对象,也是生产要素之一,而施工过程也就是材料的消耗过程。施工项目中会消耗大量且多样的材料,所以材料费在施工项目造价中所占的比例相当大,一般占到施工项目的 $60\%\sim70\%$。因此,做好施工项目材料的供应、保管和使用等管理工作,不仅有利于施工项目的顺利完成,而且对保证施工项目质量、降低项目成本、提高施工项目的整体经济效益都有十分重要的意义。

1）施工项目材料管理的概念及意义

施工项目材料管理，亦称物资供应和管理，是在一定的材料（资源）条件下，实现施工项目一次性特定目标过程对物资需求的计划、组织、协调和控制。物资计划工作包括编制、订货、采购、组织运输、库存保管、现场管理、供应、领发、回收等。物资管理的对象为与日常施工密切相关的施工项目物资，包括主要材料和辅助材料、燃料、工器具等。

（1）施工项目材料管理的主要步骤。

① 计划。即把施工项目所需材料的供给与消耗纳入计划轨道，进行预测、预控，使整个供给与消耗有序进行。

② 组织。即划清材料供给与消耗过程诸方面的责任、权力和利益，通过一定形式和制度，建立高效率的组织保证体系，确保目标的实施。

③ 协调。即材料供给和消耗过程的不同阶段，不同层次存在着大量的结合部（点），沟通和协调好各结合部（点）的情况，使过程均衡有节奏地发展。

④ 控制。即对材料供给和消耗过程的管理，使整个过程处于管理中，运用定额、指标确定目标值，并通过计划、反馈、调整来保证目标的实施。

（2）施工项目材料管理的性质。

① 施工项目的一次性和单件性，给材料管理带来一定的风险性，因此，要有周密的计划和科学的管理，必须一次成功。

② 施工项目的局部系统性和整体局部性，要求供给与消耗过程建立保证体系，处理好材料与质量、材料与工期的关系。

③ 材料的供给与消耗过程具有众多的结合部（点），给管理带来一定的复杂性。因此，要求对外签订合同明确供求双方的权利与义务，对内加强工序间、工种间、部门间的协调。

（3）施工项目材料管理的意义。管理好施工项目材料，对企业和社会都有长远的现实意义，主要体现在以下几个方面。

① 施工项目管理使技术与经济、生产与管理、人力和物力都能优化组合，从而形成新的生产力，有利于提高企业经济效益和社会效益。

② 促进合理使用资源，推进施工项目建设。推行施工项目材料管理，可以让材料的供给与消耗处于严密的控制之下，并通过承包机制的层层落实，使资源得到合理的利用，确保工程项目的顺利进行。

③ 完善企业的经营机制，提高企业的竞争力。在施工项目市场竞争日益激烈的条件下，企业只有通过质量、工期、成本的较量才能在社会上取得信誉。而推行施工项目材料管理有利于提高企业的建筑工程质量，缩短工期，降低造价。

④ 加强材料管理，降低材料储备，加速库存材料周转，从而加速资金周转。

2）施工项目材料管理的主要内容

施工项目的建设一般采取委托承包的方式，这就决定了施工项目材料管理的内容应包括两个方面：一是发包方（甲方）的材料管理，二是承包方（乙方）的材料管理。

甲方作为施工项目单位（投资方）或代理人，应代表施工项目单位的利益，对项目有履行管理、决策、控制等职能。甲方在材料管理上有两种情况：一是自行供料，其对计算项目用料及所用材料的管理内容主要有申请、订购、储备、配套供货等；二是委托供料，其管理内容主要包括计算项目用料、明确材质要求、监督施工单位的材料及确定市场价格等。

乙方指的是为施工项目单位提供服务的施工企业,主要对投标过程和中标后实施过程的内容进行材料管理。其中,投标过程材料管理的主要内容是:掌握招标文件、估算项目用料、选择供货厂家及价格、编制标书、介绍厂家情况。中标后实施过程材料管理的主要内容是:确定项目供料和用料目标,确定施工项目供料、用料方式及措施,组织施工项目材料及构配件的采购、加工和储备,做好施工现场的进料准备,组织材料进场、保管及合理使用,施工项目完成后及时退料并办理结算,总结经验教训。

3) 施工项目材料管理的主要任务

施工企业施工项目材料管理的主要任务是在建筑市场竞争日益激烈的情况下,通过合理的供给与消耗,确保企业获得施工项目的承包权,在整体上实现企业的经济效益最大化。具体任务有以下三点。

(1) 优选供货厂家,确保企业获得承包权。在一定的设计、施工方案和材料用量的条件下,材料的质量、价格和厂家的供货能力是影响施工项目造价及企业中标率的一个重要因素。因此,选择优质的供货厂家,企业就可以获得质量好且价格低的材料资源,从而确保施工项目的质量,降低造价,提高企业的竞争力,使企业在市场竞争中脱颖而出。

(2) 在确保施工项目正常完成的基础上,合理地组织材料供应,为企业争取较高的效益。在一定的材料用量和材料价格的条件下,合理、科学地组织材料的采购、加工、储备、运输,是确保施工项目获得供应效益的关键环节。企业要争取到更多的公用效益,就要合理组织供应,掌握市场信息与动态,做好与市场的衔接,稳定供货关系,建立严密的计划、调度体系,按质、按量、如期满足施工项目建设需要,做到占用少、周转快、费用低。

(3) 合理组织材料的消耗,在确保工期、质量的前提下,尽力降低消耗,为企业获得更高的使用效益。在一定的材料用量、质量条件下,材料的使用方法、管理手段及劳动者的态度是否合适是关系到材料能否合理使用、能否降低消耗的关键一环。要达到降低消耗,降低施工成本,确保施工项目的整体效益,就要实现材料的合理使用,完善企业内部经营机制,健全定额、计量、统计等基础工作,执行责、权、利统一的用料承包制度,调动各级、各部门及劳动者节约用料的积极性等。

4) 施工项目材料管理的规章制度

随着施工项目材料管理的推行和市场机制、承包机制的引进,只适用于过去的反映传统做法的规章制度将不完全适用,因而必须围绕新的管理目标、新的管理方式和新的机制,建立新的管理制度,以方便施工项目管理。其中,可以采用的制度有以下几项。

(1) 施工项目材料计划管理制度。施工项目材料计划是指对施工项目材料需求目标的预测及实现目标的部署和安排。明确施工项目材料的需求目标,是指导与实现施工项目材料管理的依据。而施工项目材料计划管理制度应做到两点。

① 明确规定项目材料需用、采购、储备、消耗、节约目标。

② 确定及实现上述目标过程各环节(平衡、编报、调度、考核)的分工关系以及各自的权限、责任及做法、依据、要求。

(2) 报价及报价核算管理制度。报价是指提报能够承担施工项目材料供应任务的材料价格。报价核算有两层含义:一是所报价格的可行性、风险性的预测和对策;二是中标后在报价范围内对实际采购材料价格的控制、计算、比较和考核。施工项目的报价及报价核算对企业获得施工项目的承包权乃至承包后获得更高的经济效益，具有重要影响。一般来说，报价及报价核算管理制度的内容有两点。

① 明确有关材料资源及市场（价格、厂家）信息收集、整理、传递、分析、处理的分工和做法要求。

② 价格管理及核算（会计核算、业务核算）过程各环节的分工和做法要求。

（3）施工项目材料供应管理制度。企业推行施工项目材料供应管理制度后，每个项目就成了一个独立的成本中心。在这样的情况下，材料的供应工作要围绕施工项目展开，并确立施工项目的中心地位。施工项目材料供应管理制度必须要明确的内容有三点。

① 按施工项目提报计划。

② 按施工项目组织配套供应。

③ 对投资施工项目进行考核、评价、计算成本和结算。

（4）施工项目材料使用管理制度。只有以施工项目的施工成本为中心、合理使用材料、充分发挥材料效用，才能在一定的资源条件下确保施工项目的实施，并最终实现降低成本的任务。因此，建立材料使用的各项管理制度必须以施工项目为中心，调动各方面的积极性，并体现不同材料的消耗方式。其主要内容有三点。

① 责、权、利相结合的层层用料承包责任制。

② 对施工项目的一次性消耗材料实行有偿供给制。

③ 对施工项目有限消耗的周转材料、大型工具等实行租赁制。

（二）材料消耗定额

1）材料消耗定额的概念

材料消耗定额是指基于一定的施工组织和施工技术条件，同时满足材料供应符合技术要求、合理使用材料的前提，完成单位合格施工项目产品必须消耗的各种材料、构配件的标准数额。

材料消耗定额的实质是材料消耗量的限额。一般由有效消耗、工艺损耗和管理损耗组成，不论什么材料消耗定额，其有效消耗部分是固定的，所不同的只有合理损耗部分。

2）材料消耗定额的意义

（1）是编制材料计划、确定材料用量的依据。

（2）是施工中限额领料的依据。

（3）是加强经济核算、考核经济效果的重要手段。

3）材料消耗定额的构成

（1）有效消耗。直接构成施工项目实体的材料消耗，又称净耗量，是生产施工项目产品的必须消耗。

（2）工艺损耗。又称合理损耗，是指由于工艺原因，在施工过程中发生的损耗。

（3）管理损耗。又称非工艺性损耗，是指由于管理等原因造成的材料损耗，如运输损耗，仓库保管损耗，废品、次品损耗等。

4）材料消耗定额的管理

贯彻执行材料消耗定额管理时，要经常考核和分析材料消耗定额的执行情况，以确切掌握定额执行过程中出现的问题和原因，及时反映执行定额达到的水平和节约材料的经济效果。主要包含两个方面。

（1）定额的确定和定额的贯彻执行。在制订材料消耗定额管理方案时，要考虑到由于新技术、新工艺、新材料的使用和材料节约措施的变化，定额所依据的生产技术条件和组织管理水平也应发生变化。因此，为了使材料消耗定额保持先进、合理的定额水平，应适时调整。

（2）材料消耗定额的制定方法一般有观测法、试验法、统计法和计算法四种。值得注意的是，材料消耗定额确定后不宜随意修改，也不可一成不变。

5）材料承包办法

材料承包办法是责、权、利统一的经济责任制度。主要有三种形式。

（1）单位施工项目材料费承包。这种形式一般首先由责任工长承包单位施工项目预算的全部材料费，并节约提成，而后由责任工长对班组实行单项承包或定额用料。

（2）部位实物承包。实物承包一般分为基础、结构、装修三个部位。应按照施工预算的各种材料用量，由主要工种为首组成的混合队承包，同时实行"节约奖、超耗罚"的方法。

（3）单项实物承包。单项实物承包一般以分项施工项目为对象，按照施工预算的材料用量，由专业班组承包，实行"节约奖、超耗罚"的方法。这种方法的实质是，在定额用料的基础上增加了经济责任和经济利益。

（三）施工项目材料计划

施工项目材料计划是材料管理的组成部分，也是企业计划管理的重要环节。不仅如此，它还是对施工项目所需材料的预测和安排，是指导和组织施工项目的材料采购、加工、储备、供货、使用的依据。

1）材料计划的种类

（1）按材料计划的用途划分，可分为四种。

① 材料需用计划（简称用料计划）。施工企业根据施工项目设计文件、施工方案及施工措施编制，反映了构成施工项目实体的各种材料的品种、规格、数量和时间要求，是编制其他各项计划的基础。

② 材料供应计划。材料部门根据材料供应与管理的分工，把施工项目的各项材料需求计划进行汇总，并在综合平衡后，做出订货申请、采购加工、动用库存等供应措施与进货时间的安排计划。不仅是组织、指导材料供应与其他业务活动的具体行动计划，也是编制申请（采购）计划的基础。

③ 材料申请计划。根据供应计划编制，反映了施工项目须从外部获得材料的数量，是采购、订货的依据。

④ 节约计划。根据施工项目材料消耗水平及技术节约措施编制，反映了施工项目材料的消耗水平及节约量，是控制供应、指导消耗和考核的依据。

（2）按计划的使用方向划分，可分为三种。

① 施工用料计划。反映了构成施工项目实体的各种材料、制品、构配件的需用量，是施工项目材料计划的重要组成部分。

② 临时设施用料计划。主要反映了施工项目施工过程中需要搭建的临时设施的材料需用量，是施工项目材料计划中不可缺少的一种计划。

③ 周转材料和工具计划。主要反映了钢管、模板等材料的需用量、施工项目所需工具的需用量及需用时间，是反映施工项目的手段，也是施工项目材料计划的重要组成部分。

（3）按计划作用的时间划分，可分为三种。

① 年度材料计划。年度各项材料的全面计划,是全面指导供应工作的主要依据。

② 季度材料计划。年度材料计划的具体化,是适应情况变化而进行的一种平衡调整计划。

③ 月度材料计划。施工项目月份内计划施工生产、用料的计划,是材料部门组织配套供应、安排运输、控制使用、进行管理的行动计划。同时是材料供应与管理活动中的重要环节,因此必须全面、及时、准确。

2) 材料计划的编制

施工项目中材料的供应通常都会按计划进行,因此在施工项目开工前可将预算的工料分析与编制的施工项目用料计划作为供应和控制的依据。在此基础上,可根据施工项目材料计划和施工项目进度计划按月编制月度用料计划,同时将其作为组织材料供应和进场的依据。材料供应计划要确定的内容包括材料需用量、材料储备量和材料平衡表。

(1) 材料需用量。

① 材料需用量计划的编制是一项重要工作,不仅是申请、订货、送料的依据,也是加强计划管理和经济核算的基础。因此,必须要坚持科学的态度、做到实事求是,并留有余地。

② 材料需用量的计算公式为:材料需用量 = 施工期内应完成工程量×材料消耗定额。

(2) 材料储备量。为保证施工的连续性,施工中工地应有一定数量的材料储备,以防止材料供应的脱节影响工程的进度。这就要根据计划要求及地区条件,预测出相对合理的储备定额。值得注意的是,一定数量的材料储备是必要的,但储备量不宜过多,以免占用企业大量的资金和仓库面积,甚至造成浪费。所以材料储备量必须经济合理。

材料储备一般包括正常储备和保险储备两部分。

① 正常储备是指工地在前后两批材料运送的间隔期中间,为满足正常的施工而建立的储备。该种储备的数量是不断变化的。材料在进场时可达到储备高峰,随着施工的消耗逐渐减少,直到下一批材料进场前,达到储备最低点,而当下一批材料抵达时,又达到储备高峰。

② 保险储备是指施工现场为了防备材料运送误期或材料品种规格不符合需要等情况而建立的储备。材料储备量目前通用的计算方法是:先确定材料储备天数,然后在此基础上根据每天平均材料耗用量乘以材料需用量不均匀系数。

(3) 材料平衡表。

① 在确定期末和期初储备量后,就可以编制材料平衡表,从而提出年度材料申请(订购)量。

② 材料的申请(订购)量计算公式为:材料申请(订购)量 = 材料需用量 + 期末储备量 − 期初库存量 − 期初前耗用量。

3) 材料计划的执行检查

为了保证材料计划的正常实施,在计划执行过程中必须进行认真检查。检查的内容包括供货合同执行情况、短线产品的供需情况、单位材料消耗定额管理情况、主要材料库存周转情况、施工项目生产计划中各单位施工项目进度等。

通过检查,如发现供求脱节的现象,应及时进行调整,以求在新基础上的平衡。

(四) 材料采购

1) 材料的供应方法

材料供应是指及时、全面、连续、按质按量地为施工项目提供劳动对象和劳动工具的活动。

材料的供应方法一般有两种：一是直达供应，二是中转供应。而采取何种形式，必须根据施工现场的实际情况而定，同时也应遵循"减少中转，能直供的则不中转"的供应原则。

（1）直达供应指施工企业根据材料供需双方签订的供货合同，将材料直接从供应单位送到施工现场，不经仓库中转的供货方法。该供应方法具有缩短中转时间、减少运输损耗和仓库保管费用、加速材料周转和资金周转等优点。

（2）中转供应指将不具备直达供应的材料作适量的仓库储备，再根据生产需要由仓库供应至工地的供货方法。这些材料通常都具有通用性强、用量小、品种规格多、需求可变性大等特点。

2）材料的采购与订货

材料采购是指有选择余地地用货币去换取材料的购买或委托加工活动。材料订货是指单位在采购时确定所购买的材料，与供货单位按双方商定的条件，以合同的形式约定某种材料供需衔接的工作过程。材料的采购与订货的主要内容包括三个方面。

（1）材料采购原则。由于材料采购通常会占用大量资金，且采购材料价格的高低、品质的优劣对企业经济效益起着重大作用，因此材料采购必须遵循以下原则。

① 执行采购计划。采购计划是采购工作的行动纲要，要加强计划观念，按计划办事，极力消除采购工作的盲目性。

② 加强市场调查，收集经济信息，掌握市场价格，讲求经济效益，尽量做到"货比三家"。

③ 遵守国家有关市场管理的政策法规，遵守企业采购工作制度。

④ 提高工作效率，讲求信誉，及时办理经济手续，不拖欠货款，做到物款两清，手续完备。

（2）材料采购方式。在市场经济条件下，施工企业的材料采购工作要根据复杂多变的市场情况，采用灵活多样的采购方式，既要保证施工项目的生产需要，又要最大限度地降低采购成本。常用的材料采购方式主要有五种。

① 现货供应。随时需要随时购买的一种材料采购方式。该采购方式一般适用于市场供应比较充裕，价格升浮幅度较小，采购量、价值都较小，采购较为频繁的大宗材料。

② 期货供应。施工企业要求材料供应商以商定的价格和约定的供货时间，保质、保量、按期供应材料的一种材料采购方式。该采购方式一般适用于采购批量大、价格浮动较大、供货时间可确定的主要材料等。

③ 赊销供应。施工企业向材料供应商购买材料，一定时期暂不付货款的一种材料采购方式，适用于施工项目生产的连续使用。一般来说，施工企业在采购供应商长期固定、市场供大于求、竞卖较为激烈的材料时，都会使用该种采购方式，以减少采购的资金占用，降低采购成本。

④ 招标供应。施工企业公开向多家材料供应商征招，并在多家材料供应商投标后，从中择优选择材料供应商的一种采购方式。这种方式适用于一次性采购巨额材料。

⑤ 材料配套供应。为满足生产需要并取得较大的效益，材料供应商根据生产实际对材料的品种、规格、数量、质量的不同时间和地点的组合需求所进行的供应活动。

施工企业要根据不同材料选择不同的采购方式。不仅如此，在千变万化的市场环境中，采购方式也不是一成不变的，施工企业要把握市场，灵活应用采购方式。

（3）材料订货合同。除现货供应货、款两清外，施工企业在材料采购时一般都应签订材料订货合同，以确定采购的供应职责。签订合同应遵循"平等、自愿、诚实、协商一致"的原则，其基本内容主要有五点。

① 材料供应条件。包括成交的材料名称、品种、规格、型号、数量、计量单位、质量、包装等要求。

② 材料交接条件。包括交货期限、交货地点、交货方式、运输方式、验收方式等。

③ 货款结算条件。包括材料的结算价格、结算金额、结算方式、结算银行及账号、拒付条件和拒付手续等。

④ 履行合同的经济责任。包括违约赔偿办法等。

⑤ 合同附加条件。包括合同的有效期限、合同份数、未尽事宜及合同变更修改办法、合同签订单位及法人代表的签章等。

（五）现场材料管理

由于施工项目现场是材料（包括形成施工项目实体的主要材料、结构构件以及有助于施工项目形成的其他材料）消耗的场所，因此施工项目的现场材料管理既是生产过程的管理，也是材料使用过程的管理。

1）现场材料管理的内容

现场材料管理是指项目施工期间及其前后的全部材料管理工作，主要内容包括施工前材料的准备，施工中的组织管理，施工竣工后的盘点回收、损耗、材料转移等。在不同的施工项目生产阶段有不同的管理内容。

（1）施工准备阶段的现场材料管理。施工准备阶段的现场材料管理的主要内容包括了解工程概况、调查现场条件、计算材料用量、编制材料计划、确定供料时间和存放地点。

① 了解与掌握施工项目协议的有关规定、工程概况、供料方式、施工地点及运输条件、施工方法、施工进度、主要材料用量、临时建筑及用料情况等。不仅如此，还要全面掌握整个施工项目的用料情况及大致供料时间，做到心中有数、统筹安排。

② 根据施工项目进度和材料预算，及时编制材料供应计划，并落实材料名称、规格、数量、质量及进场日期。同时，掌握主要构件的用量和加工件所需图纸、技术要求等情况，并组织和委托门窗、铁件、砼构件的加工、材料申请等工作。

③ 调查施工项目所在地的材料货源、材料价格、运输工具及其他情况。

④ 积极参加施工组织设计中关于平面图中材料堆放位置的设计，并按照施工项目组织设计平面图和施工项目进度计划，分批组织材料的进场和堆放，确定堆料位置。应注意堆料场地要平整、不积水，构件存放地点要合理，仓库要防雨、防潮、防火等，并按有关规定妥善保管其他特殊要求的材料。

（2）施工阶段的现场材料管理。

① 检查验收。验收施工项目现场材料的管理人员应全面地检查与验收入场材料，特别要注意几个问题。

第一，在规格问题中，规格代用是经常发生的问题。因此在收料时，如发现供料不符合施工项目用料的规格，必须办理经济签证及技术核定手续后方可收料。

第二，主要材料必须有质量合格证明，无材质证明者不能验收。有的材料虽有质量合格证明，但材料过期的也不能验收。

第三，要防止进料不足，保证进料数量准确。因此，在进料时，应按理论重量检尺换算与查定钢材的实际重量，按进场批次抽查与测重水泥，按件检尺木材的等级与规格，在车上检尺砂石、在地上量方砂石，点数砖瓦。

② 储存保管。妥善保管现场材料,以减少损耗。对于现场不同的材料要用不同的保管方法。

水泥:考虑到水泥属于悬水硬性材料,怕水怕潮,具有时效性(三个月),因此条件允许时应建库保管,并按品种、标号、出厂批号分别堆放,而垛高以 10 袋为宜;同时,要坚持"先进先出,专人管理"的原则。

石灰:由于石灰是气硬性材料,因此不宜长期露天存放,应随到随用,并用水将其淋化在石灰池内,用水封存,以供随时使用。

成型钢筋:同班组按加工计划对成型钢筋验收后,交班组使用按进度耗料。

大堆材料:要按品种规格分别存放,保证场地的平整;同时,还要夯实地基使用,以防止倒垛损失。

方、板等木材:要按树种、规格、长短、新旧分别码垛;还要注意通风、防火、防潮等。

钢筋混凝土预制构件:存放的场地必须平整夯实、垫木规格一致、位置上下垂直。同时要注意方向的正反和安装顺序。

钢木门窗:应注意配套,分品种、规格、型号堆放。

现场存放的危险品:应标有明显的危险物品标志,由专人专库保管。

③ 组织工作。施工阶段现场材料的组织工作应包括建立健全岗位责任制;根据工程的不同施工阶段以及材料数量的变化,及时调整材料的堆放位置;坚持施工项目过程中的材料核算制度;材料人员要深入现场,狠抓节约措施的落实情况。

(3) 施工竣工阶段的现场材料管理。

① 严格控制进料,防止大量材料剩余的情况。在施工项目主要部位的完成情况 70% 左右时,检查现场存料,估算未完施工项目用料量,调整原用料计划,削减多余,补充不足,以防止剩料、避免影响施工项目进度、消除施工项目转移费用。

② 提前拆除不再使用的临时设施,并充分考虑利用此部分材料,尽量避免材料的二次搬运。

③ 及时处理施工项目中产生的垃圾、筛漏、砖渣等。

④ 施工项目竣工后,及时核算材料消耗,分析节超原因,总结经验。

2) 材料消耗过程的管理

材料消耗过程的管理是指以项目工程为对象,组织指挥、监督和调节施工项目中的材料消耗过程,以消除不合理的消耗,达到物尽其用、充分发挥材料效能、降低材料耗用的目的。其主要内容有四点。

(1) 定额供应、包干使用。发包单位或材料供应部门负责按施工图预算对项目材料实行包干使用、超用不补,而节约归己的施工项目过程一般不再调整。

(2) 定额供应加签证。发包单位负责供应施工项目的材料,并按施工图预算定额供应材料量。当发生设计变更、与预算内容不相符等特殊情况时,可经发包单位签证后,据以追加供应数量,并作为施工项目竣工结算的依据。

(3) 做好基础工作。"两算"(施工图预算和施工预算)工作是材料消耗过程管理的基础,也是实行定额供料的重要依据,故各施工企业一定要加强该方面的工作。

(4) 限额领料。施工队(组)所领用的材料必须限定在其负责的施工项目规定的材料品种、数量之内;这是一项经常性的用料、领料、退料、发料的基本制度。

3) 周转材料的管理

周转材料是指在施工项目过程中能重复使用的材料,是反复使用于生产过程又基本上保持其原有形态的一种工具式材料。周转材料种类较多,单次使用期较短,周转、更换频繁。为满足再生产的需要,多数施工单位都将其列为流动资产来进行管理。在施工项目生产过程中,周转材料并不构成建筑产品的实体,可以多次周转使用,因此,其费用通常按每次使用中的消耗部分价值来计算,并通过摊销的办法计入施工项目成本。

下面对木模板、组合钢模板和脚手架这三种常用周转材料的管理进行详细阐述。

(1) 木模板的管理。其管理方式主要有三种。

① 制作和发放:一般采用统一配料、统一制作、统一回收、统一管理的办法。

② 保管:木模板可多次使用,使用中的保管维护由使用班组负责。

③ 核算:木模板在每次使用的过程中,包括配料、安装、拆除、回收和维修整理,随时都会产生一定的损耗。这种损耗既表现为一定的数量,又表现为一定的价值。一般可以采用以下办法进行核算。

定额摊销法:按完成的实物工程量,按定额摊销计价。

租赁法:按木模板的材质、规格、成色等,分别制定租赁费标准。

五五摊销法:新木模板制作的模板在第一次投入使用时摊销原价值的50%,余下50%的价值直到报废时再行摊销。

(2) 组合钢模板的管理。组合钢模板使用时间长、磨损小,通常采用租赁和专业队管理的方式。钢模板的管理应注意做好以下工作。

① 钢模板及其配件应设专人保管与维护,应按种类、规格分别堆放,建立账卡,发放和回收要有交接手续。

② 钢模板露天堆放时,要上盖下垫,防止锈蚀。

③ 钢模板在使用和保管期间,应及时涂刷防锈漆。

④ 钢模板发生变形时,应在整理时加以校正、平直。

⑤ 钢模板使用后,应将模板上残留的砼清除干净。

⑥ 严禁将钢模板作为跳板;严禁用钢模板铺路、垫场地。

(3) 脚手架的管理。脚手架的种类很多,目前主要使用的是钢管脚手架,多数企业都会采取租赁管理的方式。由于脚手架大多在露天使用,搭拆频繁、损耗较大,因此必须加强维护和管理,及时做好回收、清理、保管、整修、防锈等工作。

第三节　施工项目机械设备管理与劳动管理

施工项目的实施过程中通常各种资源管理因素都会不断变化,其中,设备和劳动力占据着重要的位置。本节介绍了施工项目中的机械设备管理和劳动管理。

一、机械设备管理

(一)机械设备管理概述

1)机械设备管理的意义

施工项目机械化是实现建筑工业化、现代化的一个重要环节。只有实现施工项目机械化,才能实现高速度与高质量的双赢,提高新技术水平,从而提高施工项目行业的生产力,从根本上改变施工项目行业的面貌。

要实现施工项目机械化,除了将增加机械设备作为物质基础外,更重要的是要妥善使用机械设备,并发挥其最大作用,以求获得最佳经济效益。

2)我国施工项目中机械设备的使用现状

当前,我国各省、自治区、直辖市所有的施工企业都拥有相当数量的施工机械和机械化施工专业队伍。然而,虽然增加了机械设备,但人工并未减少,劳动生产率也未得到相应的提高。这意味着我国机械化的经济效果还没有发挥出来,施工项目成本也没有明显降低。这是一个非常突出的矛盾,造成这种状况的原因是多方面的,而机械设备管理的薄弱和落后则是其中一个重要原因。

3)机械设备管理的任务

机械设备管理是指按照机械设备的特点,以获得最佳经济效益为目的,在施工项目生产活动中,解决好人、机械设备和施工生产对象的关系,充分发挥机械设备的优势所进行的组织、计划、指挥、监督和调节等项工作。

机械设备管理的基本任务是:正确贯彻执行国家有关机械管理的方针、政策,采取一系列技术、经济、组织措施,对机械设备的计划、购置、使用、维护、修理、改造、更新、报废等全过程进行系统的综合管理,以达到寿命周期费用最经济、机械综合效能最高的目标。

4)机械设备管理的内容

要实现机械设备管理,就要做到以下九点。

(1)在机械设备的选型购置、安装调试、试验投产、使用维修、更新改造、报废等环节建立相应的规章制度和技术经济定额指标。

(2)根据生产需要,在认真进行技术经济论证的基础上选购先进适用的机械设备,保持合理的设备构成。

(3)组织机械施工,合理配置并及时调度机械设备,充分发挥其效能,提高机械设备的利用率。

(4)定期维护和检查修理机械设备,使机械设备经常处于良好的技术状态,提高机械设备的利用率。

(5)采用先进的修理方法和技术组织施工,提高修理质量,缩短工期,降低费用。同时,及时消除机械设备的缺陷和隐患,防止损坏事故的发生。

(6)对现有机械设备进行有计划的技术改造和更新,挖掘设备潜力,提高企业施工能力和设备水平。

(7)组织对机械设备使用状况进行检查分析,并反馈于机械设备管理,不断提高机械设备的利用率和效率。

(8)实行机械设备租赁制,用经济手段管理机械设备,提高机械设备的经济效益。

(9)做好机务职工的技术培训工作。

(二)机械设备的固定资产管理

施工企业的机械设备一般都属于固定资产。因此,从固定资产的角度对企业的机械设备进行管理的全过程就是机械设备的固定资产管理。

1)机械设备的购置

施工企业所选择的机械设备类型以及自身装备结构合理化的程度关系到机械设备作用的

发挥和企业经济效益的提高。

机械设备的选购既是机械设备前期管理的重要内容,也是机械设备综合管理中的重要环节。因此,在选择机械设备时,企业必须全面衡量各项技术的经济指标,综合多方面因素进行分析比较。

(1) 机械设备的购置原则。

① 应根据企业设备规划有计划、有目的地进行购置,防止盲目购置,选择设备时要考虑必要性和可能性。

② 要考虑经济效益,必须挖掘企业潜力以发挥现有机械设备的作用。

③ 要考虑配套与设备的合理性,购置品种数量要比例适当、大中小结合。

④ 要考虑维修配件的来源及维修的难易程度。

⑤ 要考虑机械设备本身的技术、经济性能是否先进合理。

(2) 机械设备的购置方法。

① 单纯经济比较法。如果有 A、B、C 三台机械设备,除了生产率、原值、维持费等经济性指标外,其他方面并无明显差别,或虽有差别,但在特定的使用条件下,不会产生值得注意的影响。这种情况下,只要单纯地在经济方面加以比较,就可以决定取舍。

② 全面综合评比法。如果参与比较的各台设备除了经济指标外,其他各方面的性能差异很大,其重要性并不亚于经济性指标,单凭经济比较不足以决定取舍时,就应采用全面综合评分的方法对各个设备进行评分,得分总和最多者为最佳设备。该评分法一般采用表格的形式。

2) 机械设备的分类、建卡、建账

(1) 机械设备的分类。机械设备的品种多、型号复杂,除少数加工设备外,其余绝大部分都具有不同程度的流动性,装备结构变化幅度大。施工企业生产使用的固定资产一般划分为六大类:房屋及建筑物、施工机械、运输设备、试生产设备、试验设备及仪器、其他固定资产。其中施工机械、运输设备、试生产设备这三大类是机械管理部门的主要管理对象。

(2) 机械设备的建卡。由于施工企业的机械设备数量多、种类繁杂,且不是一次性领用消耗物件,会存在相当长的一个时期。因此,为了及时掌握其动态过程,如分布、运转时间、维修情况、事故、操作人员的变化情况等,企业的机械设备管理部门要建立机械设备卡片,必须一机一卡,以便随时查看。

(3) 机械设备的建账。机械设备登记台账,是按机械设备拥有台数登记而建立的台账,记账依据是机械设备的卡片,此账的明细和份数应与卡片相一致,登记台账就是卡片的汇总,其作用是便于查找。

机械的分户台账,是按同型的机械设备开立一张账页,随时详细记录机械设备的调入、调出、实有台数,统计马力拥有量以及台数使用分布情况等。按机械设备登记台账和调度记录进行记账,此项台账一般在机械设备管理部门一份,使用单位一份,应与机械设备卡片登记台账相一致。

(三) 机械设备的使用、保养、维修

1) 机械设备的使用管理

要让机械设备的使用得到更好的管理,必须要做到以下几点。

(1) 建立健全合理的规章制度。

① 定机、定人、定岗位责任的三定制度,即人机固定。在确定机械设备的操作人员后,不

能随意变动,要岗位固定、责任分明。

②"操作证"制度。机械设备操作人员必须进行技术培训,经考试合格取得"操作证"后,方可独立操作。

③ 机械设备交接制度。新购入或新调入的机械设备向使用单位或操作人员交机时,若机械操作人员发生变动,或机械设备送大修,修好出厂以及设备出库、入库时,应均有交接手续,以明确责任。

(2) 严格执行技术规定。

① 技术试验规定。新购置或经过大修、改装的机械设备,必须进行技术试验,确认合格后才能验收,投入使用。

② 磨合期规定。新购置或经过大修的机械设备,在初期使用时,工作负荷或行驶速度由小到大,以达到最佳磨合状态。

③ 机械设备保养制度和安全操作规程。由于每一台机械设备都有其特定的使用要求、操作方法和保养程序,因此只有规范操作才能发挥其效能、减少损坏、延长寿命。反之,轻者机械设备出现故障、效率降低,重者机械设备损坏、发生事故、影响生产,甚至会导致人身伤亡事故或机械报废。

(3) 部署好机械设备的生产。在施工项目中,要根据工程量、施工方法、工程特点的需要,正确选用机械设备。不仅要防止"大马拉小车",又不能超越机械性能蛮干。与此同时,还要注意机械设备的配套工作,在安排施工项目生产计划时需给机械设备留有维修保养的时间。

2) 机械设备的保养

(1) 机械设备定期保养制度。机械设备定期保养的目的是保证机械设备正常运转,延长使用寿命,防止不应有的损坏,让施工项目生产得以正常进行。由于施工项目机械分散在各个工地,因此要在各工地进行保养和维修。为了确保机械设备的保养和保养所需要的技术供应,应根据机械设备的数量设置相应的保修机构,并配备保修人员。

保修机构要面向施工,服务到现场,尽量利用施工间隙和非生产时间进行保修作业。同时还要不断改进机械设备的保养工作,缩短保修时间,提高保修质量。

(2) 机械设备保养的内容。机械设备的保养分为例行保养(每班保养)和定期保养。

例行保养是指机械操作人员或使用人员在上下班或交接班时间进行的保养工作,基本内容包括清洁、调整、紧固、润滑、防腐等。

定期保养是指根据技术保养规程规定的保养周期,当机械设备运转到规定的工作台班时,就要停机进行保养。定期保养需根据机械设备构造的复杂程度来划分保养等级和保养内容。

常见的机械设备保养等级有三种。

① 一至四级保养机械设备,如挖掘机、起重机、推土机、压路机、自行式铲运机等。

② 一至三级保养机械设备,如汽车式起重机、塔式起重机、内燃机、空气压缩机等。

③ 一至二级保养的机械设备,如电动机、拖车、柴油打桩机、砼搅拌机、电焊机等。

常见的机械保养内容有三个方面。

① 一级保养以润滑、紧固为中心,并在检查紧固外部紧固件后,按本机润滑周期图表加注润滑油、清洗滤清器、更换滤芯等。

② 二级保养以紧固、调整为中心,除执行保养作业项目外,对发动机、电气设备、操作、传动、转向、制动、变速和行走机构等进行检查、调整、紧固内外所有紧固件。

③ 三级保养以消除隐患为目的,其作业内容除执行一、二级保养作业项目外,可对部分进行解体检查,对调整后不符合要求的零部件,可酌情更换。要注意的是,作业范围不宜任意扩大,以免形成变相的大修。

3) 机械设备的维修

机械设备在使用过程中,即使执行了定期保养,但其零部件还会发生正常磨损和疲劳,到一定程度依然会发生损坏。为了及时消除故障,恢复机械设备的技术性能,保证机械设备的正常运转,必须重视修理工作,建立健全机械设备修理制度,认真掌握机械设备的损坏规律,适当地进行修理。要做到既不盲目延长修理周期,扩大和加速损坏程度,也要做到不提前送修,造成浪费。

(1) 机械设备修理的基本内容。

① 按照机械设备磨损规律,预防性地、分期分批更换和调整已消耗、磨损、变形、损坏、松动的零件。

② 排除故障,使机械设备整旧如新。

(2) 按作业范围可将机械修理分为四种类型。

① 日常修理。对保养检查中发现的设备缺陷或劣化,采取措施及时排除。

② 故障修理。属于无法预料或控制的,在设备使用和运行中突然发生的故障性损坏或临时故障的修理,属于局部修理,亦称小修。

③ 项目修理。以状态检查为基础,对设备磨损接近修理极限前的总成,有计划地进行预防性、恢复性的修理。以保持机械各总成间的平衡,延长大修周期。

④ 大修。指机械设备的多数总成即将达到极限磨损的程度,经过技术鉴定需要进行一次全面、彻底的恢复性修理,使机械设备的技术状况和使用性能达到规定的技术要求。

二、劳动管理

建筑企业施工项目的顺利进行离不开优秀的一线劳动人员,因此项目劳动人员的管理工作就成了当前施工项目管理的重要工作之一。

(一)人事用工制度管理

施工企业人事用工管理是政策性很强的工作,会受到国家方针政策的制约,故而要执行国家有关人事管理方面的各项规定。

1) 全员劳动合同制

全员劳动合同制是指企业的全体员工(包括管理人员,技术人员和生产、服务人员)与企业在平等、自愿、协商一致的基础上,通过签订劳动合同,明确双方的责、权、利,是一种以法律形式确定的劳动关系。全员劳动合同制是将竞争和激励机制引入劳动管理,打破企业原有的干部与工人、固定工与合同工的界限,促进劳动力的合理配置、流动,依法保护企业和职工的权益,充分调动企业经营者、生产者的积极性和创造性,提高劳动生产率和经济效益,推动生产力发展的有效用工制度。

企业与员工依法签订的劳动合同需具备的主要法定内容有以下几项。

(1) 合同期限。

(2) 工种(岗位)、生产产品的数量、质量标准或完成的工作任务。

(3) 生产工作条件和休息、休假时间。

（4）劳动纪律。

（5）劳动时间、劳动报酬、保险、福利待遇和劳动保护。

（6）劳动合同的终止、变更、续订和解除条件。

（7）劳动争议和处理程序。

（8）违反劳动合同的责任除上述条款外，双方认为需要约定的其他事项等内容。

实行全员劳动合同制后，企业员工可按照劳动力流动的有关规定在各类所有制企业中自由流动，同时企业要对经理、厂长等管理人员、技术人员实行聘任制，明确其岗位待遇，在其落聘后不再保留原聘任期的待遇。

2）合同制职工的招聘和录用

应遵循"面向社会、公开招收、全面考核、择优录用"的原则。其中，"面向社会、公开招收"，即企业应向社会公布招用职工简章，吸引符合条件的人员自由报考，并张榜公布考核合格者的名单，公开录用；"全面考核、择优录用"，即企业全面考核符合有关规定的报考者后，根据生产和工作的需要，在考核的内容和标准上对不同的招收人员各有侧重。如招收学徒应侧重文化考核、招收技术人员则应侧重专业知识及生产技能的考核等。同时，企业对报考者应一视同仁，在全面考核的基础上择优录用。

3）劳动争议及其处理

劳动争议是指用人单位和劳动者在履行、变更、解除、终止劳动合同以及其他劳动关系时，发生了直接相连的问题而引起的纠纷。

劳动争议处理是指有关部门依法解决劳动争议而进行的调解、仲裁或审判活动。这里的有关部门是指按照国家规定，有权负责受理劳动争议案件的专门机构，即企业所在地的各级调解委员会、地方各级劳动争议仲裁委员会、人民法院和劳动法庭或经济法庭。

（二）工资管理

我国实行以按劳分配为主体，多种分配方式并存的分配制度。按劳分配原则是指把劳动量作为个人消费品分配的主要标准和形式，按照劳动者的劳动数量和质量分配个人消费品，多劳多得，少劳少得。

就劳动报酬的形式而言，主要有工资、奖金、津贴三种形式。其中工资是基本形式，奖金和津贴是辅助形式。

1）工资

目前我国施工企业的工资形式主要有计时工资和计件工资两种基本形式。

（1）计时工资是根据劳动者的技术熟悉程度、劳动强度和工作时间来支付工资的一种形式，根据计算时间的不同，可分为小时工资制、日工资制、周工资制和月工资制。

（2）计件工资是根据劳动者生产合格产品的数量和作业量，按照预先规定的计件单价支付工资的一种形式，具体形式有无限计件工资、有限计件工资、超额计件工资、包工计件工资、累进计件工资。

2）奖金

奖金是对员工超额劳动的报酬，是按劳分配的补充形式。企业奖金基本上有两大类：一类是生产性奖金，如超产奖、质量奖、安全奖等；另一类是非生产性奖金，如先进奖、劳模奖、创造发明奖等。

3）津贴

津贴是发给职工的补助费，主要用于劳动条件差、劳动强度超出一般情况的工作，也是按劳分配的补充形式，如夜班津贴、职责津贴、粮价津贴、高温或低温津贴等。

第四节　施工项目劳务管理

劳务作业队伍不仅是现代建筑企业发展的生力军，还是承担建筑施工活动的主要劳动力，劳务作业队伍通过劳务分包从建筑施工企业手中承揽劳务作业，从而将劳动力转化成建筑施工产品。劳务队伍作为施工企业的重要施工力量，是与施工质量、施工效度、企业信誉息息相关的关键因素。对此，企业必须要有效管理劳务队伍，整合劳务资源，充分发挥其关键作用。

一、劳务队伍的概念和作用

（一）劳务队伍

劳务队伍是指具有相应资质并与施工企业（用工单位）签订劳务分包等合同并参与施工生产的劳动力资源。施工企业（用工单位）与劳务队伍之间是经济契约关系，而使用劳务队伍的单位不与劳务工人本人签订劳动合同。因此，劳务工人工作的对象是第三方公司，其工作内容由第三方公司确定。

（二）劳务分包

劳务分包又称劳务作业分包，是指建筑企业或者专业承包企业将其所承包的房屋建筑和市政基础设施工程中的劳务作业发包给具有相应资质的劳务作业分包企业完成的活动。

劳务分包是施工行业的普遍做法，在劳务分包中，劳务承包商（劳务作业队）仅提供劳务，而材料、设备及技术管理等工作仍由总承包商（用工单位）提供。劳务分包纯粹属于劳动力的使用，其他的一切施工技术、设备、材料等均由总承包商（用工单位）负责。

二、劳务队伍的准入和录用

劳务队伍的选择和录用通过劳务队伍准入制度建立合格的劳务队伍名录册，再经劳务队伍的招投（议）标或审批，合格则可以正式录用，签订合同。

（一）劳务队伍准入制度

1）准入条件

有合作意向的劳务队伍均可向建筑施工企业单位提出注册申请，提出注册申请必须具备以下条件。

（1）持有与注册工程类相应的《企业法人营业执照》《建筑业企业资质证书》《安全生产许可证》等证件及法人授权委托书。

（2）具有相应专业技术、技能的工人和管理人员，数量能够满足一般施工需要。

（3）拟承揽土石方、钻孔桩等以机械施工为主的队伍，应有相应的机械设备，并具备设备租赁资质。

（4）有开户银行账号。

（5）操作人员和特种作业人员应持有国家职能部门颁发的职业资格证书。

（6）具有健全的内部管理制度。

（7）近三年承担过一项及以上同类工程的施工经历。

（8）近五年内未发生过较大及以上等级的安全、质量事故或影响企业声誉的诉讼、仲裁或上访等事件。

2）劳务队伍准入程序

劳务队伍向建筑施工企业单位提出注册申请，经所在项目部门初审，报企业单位业务管理部复审，再经单位主管审批，同时报上级备案后，按所申请专业分类纳入合格名录册准入。

（二）劳务队伍的录用

1）录用原则

劳务队伍任务承揽必须从合格名录册当中按其专业优势及其信用评价评比情况择优选择。

2）录用程序

重点工程劳务队伍录用应由企业单位通过内部招标或议标等方式录用。其他非重点工程劳务队伍由项目部门提出申请，报单位业务主管部门审查，经单位分管、主管领导审批后录用。并及时填写劳务队伍信息管理录用台账。

3）劳务队伍的辞退

（1）辞退情形。劳务队伍有下列情况之一的，应予辞退。

① 以任何形式将合同项目进行分包、转包。

② 上场的施工人员、设备等不能满足合同要求，严重影响合同的履行。

③ 施工的工程出现严重安全、质量和环境事故隐患，拒不整改。

④ 施工进度达不到要求，严重影响整个合同段工程进度，经督促、警告后仍无力满足要求。

⑤ 因劳务队伍的自身原因与承包单位发生严重经济纠纷或到政府上访等。

（2）辞退程序。

① 劳务队伍辞退前在项目部门办理已完工程结算，签订《作业完工结算书》，办理终止合同的有关手续。

② 由项目部门提出申请，报企业单位审批，并及时填写劳务队伍信息管理辞退台账。

三、劳务队伍的管理

（1）分项目制定劳务队伍管理办法，成立劳务管理领导小组。

（2）规范劳务队伍合同的签订程序，"先招标录用，后签合同，再上场"。劳务队伍签订合同采用统一的合同范本，合同签订后，进行合同交底会。重点交底合同范围、承包内容、双方责任义务、合同单价组成及费用范围、工期、安全质量控制要求、材料供应、付款方式及额度、违约责任及处罚措施等，做到合同内容人人心中有数。

（3）坚持代发民工工资制度和代付材料费制度，防止因农民工工资发放不到位引起劳务纠纷。

（4）加强对劳务队伍成本的监控力度，建立劳务风险预控机制。通过科技创新、方案优化、限额领料、量价分离、严控零工及台班等措施加强劳务队伍的成本控制。

（5）对外部劳务队伍坚持严管与善待相结合，做到管理到位、监督到位、技术物资等保障到位，坚决杜绝以包代管。

（6）劳务队伍的安全质量管理是项目管理的重点。在合同中要明确劳务队伍的安全质量责任，严防各类安全质量事故的发生。

（7）加强劳务队伍录用与管理的联合执法检查，每年不定期组织对劳务队伍管理进行监督检查。对在劳务队伍管理工作中按章办事、表现突出的单位和个人，给予表彰和奖励；对存在违规现象或行为的集体和个人按照相关规定给予处罚。

（8）通过建立健全劳务队伍的各类信息管理台账，动态跟踪，及时更新，加强劳务队伍的信息化管理。

（9）建立上场人员审查制度。禁止录用无效、不合法身份证明材料的劳务人员。坚持岗前培训，考核合格人员方可上岗。完善劳务队伍施工人员上下场登记制度，自始至终对其人员进行动态管理。劳务队伍上场后，作业人员与劳务队伍签订的劳动合同，需在项目部门备案。

（10）劳务队伍验工计价中的项目和单价必须与劳务承包合同（含补充合同）中的项目和单价相统一。严格控制使用零用工天、零用机械台班，当天使用并经签认后方可有效，超过时限不允许计价。

四、劳务队伍的计价、结算和清退

（一）劳务队伍验工计价

根据双方签订的劳务分包合同及合同履行期间签订的补充合同条款、施工优化方案、现场技术交底、实际完成且验收合格并经双方法人委托人共同签字确认的《合格工程数量确认单》及时计价。实行按月计价、"先验工，后计价，再对账"、严禁超额计价的计价原则及时给劳务队伍验工计价。

（二）劳务队伍结算

劳务队伍结算分为年度结算和终期结算两种方式。

1）年度结算

推行年度结算制度，项目部门每年年初对劳务队伍上一年度完成的工程量、实耗及转扣材料数量等进行全面清理，厘清项目部门与劳务队伍的债权债务，办理年度结算手续，签订年度结算协议书，并将年度结算情况报业务管理部备案。

2）终期结算

劳务队伍工程竣工末次计价结算时，项目部门对劳务队伍与当地债务的欠款情况做彻底的调查、清算，厘清劳务队与当地所有经济的关系。

整理完善劳务结算资料，主要包括劳务合同、工程数量计算单、已完工工程数量表、劳务末次验工计价表、其他业务科室按月转扣的材料、设备费用等明细、合同外争议协商资料、劳务队伍分项工程经济分析表。

劳务结算资料完善并经劳务队伍确认后，应填写《劳务队伍结算审批表》并上报施工企业，经业务管理部审核、企业领导审批后方可办理劳务结算，并签订《最终结算协议书》。

（三）劳务队伍清退

劳务计价结算完毕后签订《最终结算协议书》，确认无其他遗留问题后合同终止。《最终结算协议书》至少需载明工程完工的最终结算金额、债权债务情况、民工工资发放情况、合同终止日期、双方签字认可情况等内容。

劳务队伍办理完结算手续及退场后，应及时更新信息管理系统，填报劳务结算及辞退情况。

第十章

项目竣工验收与保修工作

竣工验收是指建设工程依照国家有关法律、法规及工程建设规范、标准的规定完成工程设计文件要求和合同约定的各项内容,建设单位已取得政府有关主管部门(或其委托机构)出具的工程施工质量、消防、规划、环保、城建等验收文件或准许使用文件后,组织竣工验收并编制建设工程竣工验收报告。项目保修必须根据合同条款的要求,坚持"质量第一、用户至上"的原则,保证达到合同规定的各项指标和要求,保证工程质量,保证售后服务质量,让用户满意。

第一节 施工项目竣工验收管理

施工项目竣工验收是全面考核施工项目成果,检查设计、施工、设备以及生产准备工作质量的重要环节,它可以更好地促进施工项目的及时投产,并在发挥投资效益的同时总结建设经验。本节介绍了施工项目的竣工验收管理。

一、施工项目竣工验收的概念和作用

为了完善施工项目程序,必须对施工项目质量和档案资料严格把关,使其在确保质量、安全的前提下合法交付使用。

(一)施工项目竣工验收概述

施工项目的竣工验收是施工全过程的最后一道程序,也是工程项目管理的最后一项工作。它是建设投资成果转入生产或使用的标志,也是全面考核投资效益、检验设计和施工质量的重要环节。

1)施工项目竣工的概念

施工项目竣工是指施工项目经过承建单位的施工准备和全部施工活动,完成了项目设计图纸和承包合同规定的全部内容,并达到建设单位使用要求的工作;它标志着施工项目任务已全部完成。

2)施工项目竣工验收的概念

施工项目竣工验收是指承建单位将竣工项目及其有关资料移交给建设单位,并接受其对质量和技术资料的一系列审查验收工作的总称。它是施工项目管理的最后环节。如果施工项目已达到竣工验收标准,则经过竣工验收后,就可以解除合同双方各自承担的合同义务、经济

和法律责任。

（二）施工项目竣工验收的作用

（1）施工项目竣工验收标志着施工项目投资已转化为能发挥经济效益的固定资产，并促使施工项目早日投入使用，尽早发挥其投资效益。

（2）施工项目竣工验收是施工项目管理的重要环节，通过项目竣工验收，可以更好地控制施工项目质量，使其符合施工项目设计和使用的要求。

（3）在项目竣工验收时，承建单位必须将施工项目的技术经济资料整理归档。这有利于总结经验教训，提高施工项目管理水平。

二、施工项目竣工验收的依据

施工项目竣工验收的依据除了必须符合竣工的标准外，还应依据下列文件的规定。

（1）上级主管部门有关项目建设的审批、修改、调整的文件和规定。

（2）建设单位和施工单位签订的承包合同。

（3）现行施工项目的质量验收规范。

（4）施工图、设计说明书、设计变更洽商记录及图纸会审记录。

（5）施工项目技术核定单与经济签证。

（6）设备技术说明书。

（7）国外引进的新技术或成套设备施工项目还应按照签订的合同和国外提供的设计文件进行验收。

（8）施工项目档案资料。

三、施工项目竣工验收内容

施工项目竣工验收的内容包括施工项目竣工资料和施工项目实体复查两部分。其中，施工项目竣工资料内容包括以下几项。

（1）施工项目开工和竣工报告。

（2）分项、分部和单位施工项目的施工技术人员名单。

（3）施工项目图纸会审纪要和设计交底记录。

（4）施工项目设计变更签证单和技术核定单。

（5）施工项目质量事故调查和处理资料。

（6）施工项目水准点位置和定位复测记录，沉降和位移观测记录。

（7）施工项目材料、设备和构件质量合格证明资料。

（8）施工项目质量检验和试验报告资料。

（9）施工项目的隐蔽施工项目验收记录和施工日志资料。

（10）施工项目全部竣工图纸资料。

（11）施工项目质量检验评定资料。

（12）施工项目竣工通知单等资料。

四、施工项目竣工验收的条件和标准

对于施工单位向建设单位提交的施工项目竣工报告来说，需符合以下条件和标准后，方可组织勘察、设计、施工、监理等有关人员进行竣工验收。

（一）施工项目竣工的验收条件依据

《建设工程质量管理条例》第十六条规定，建设工程竣工验收应当具备以下条件。

（1）完成建设工程设计和合同约定的各项内容。

（2）有完整的技术档案和施工管理资料。

（3）有工程使用的主要建筑材料、建筑构配件和设备的进场试验报告。

（4）有勘察、设计、施工、工程监理等单位分别签署的质量合格文件。

（5）有施工单位签署的工程保修书。

（二）施工项目竣工的验收标准

由于施工项目的性质不同，交付生产和使用的具体标准也有所不同。施工项目的竣工验收标准一般有四种情况。

1）生产性或科研性建筑施工项目的验收标准

土建工程中，水、暖、电气、卫生、通风工程（包括其室外的管线）和属于该施工项目建筑物组成部分的控制室、操作室内部设备基础以及生活间与烟囱等均已全部完成，且只有工艺设备尚未安装，即可视为承包单位的工作达到竣工标准，可进行竣工验收。该类型施工项目竣工的基本概念是：一旦工艺设备安装完毕，即可试运转乃至投产使用。

2）民用建筑（即非生产科研性建筑）和居住建筑施工项目的验收标准

土建工程中，水、暖、电气、通风工程（包括其室外的管线），均已全部完成，电梯等设备也已完成，达到水到灯亮，具备使用条件，即达到竣工标准，可组织竣工验收。该类型施工项目竣工的基本概念是：建筑物能交付使用，住宅能够住人。

3）可按达到竣工标准处理的施工项目

被认为可达到竣工标准处理的施工项目，要具备以下条件。

（1）房屋外或小区内管线已全部完成，但属于市政施工项目单位承担的干管干线尚未完成，因而造成房屋不能使用的施工项目，房屋承包单位可办理竣工验收手续。

（2）房屋工程已经全部完成，只是电梯尚未到货或晚到货而未安装，或虽已安装但不能与房屋同时使用，房屋承包单位亦可办理竣工验收手续。

（3）生产性或科研性房屋建筑已经全部完成，只是主要工艺设计变更或主要设备未到货，因而设备基础未做的，房屋承包单位亦可办理竣工验收手续。

4）不能进行竣工验收的施工项目

凡是具有下列情况的施工项目，一般不能算为竣工，亦不能办理竣工验收手续。

（1）房屋施工项目已经全部完成并完全具备了使用条件，但被施工单位临时占用未腾出。

（2）整个施工项目已经全部完成，但是最后一道浆活未完成。

（3）房屋施工项目已经完成，但由于房屋施工项目承包单位承担的室外管线并未完成，因而房屋建筑仍不能正常使用。

（4）施工项目已经完成，但与其直接配套的变电室、锅炉房等尚未完成，因而房屋仍不能正常使用。

（5）工业或科研性的施工项目，有下列情况之一者均不能进行竣工验收。

① 因安装机器设备或工艺管道而使地面或主要装修尚未完成。

② 主建筑的附属部分，如生活间、控制室尚未完成。

③ 烟囱尚未完成。

五、施工项目竣工验收的准备工作

施工项目进入装修阶段,就应开始做竣工验收的准备。

(一)汇总整理施工项目竣工资料

施工项目竣工资料是建设工程的永久性技术资料,是施工项目进行竣工验收的主要依据,也是施工项目情况的重要记录。因此,施工项目竣工资料的准备必须符合有关规定及规范的要求,必须做到准确、齐全,能够满足施工项目在维修、改造、扩建时的需要。

(二)施工单位竣工自验及监理预验

施工项目单位的竣工自验工作一般可视施工项目的重要程度及施工项目的情况分层次进行。通常有以下三个层次。

1)项目经理组织自验

在项目经理的组织领导下,由生产、技术、质量、预算、合同和有关的工长或施工员组成自验小组。根据国家或地区主管部门规定的竣工标准、施工图和设计要求,国家或地区规定的质量标准和要求以及合同所规定的标准和要求,对施工项目竣工分段、分层、分项进行全面检查。与此同时,自验小组成员要自检所主管的内容,并做好记录,对不符合要求的部位和项目应编制修补处理措施和标准,限期修补。

2)公司级预验收

施工单位在自验的基础上,将已查出的问题处理完毕后,项目经理可视施工项目重要程度和性质,向公司提出申请,报请上级进行复验。公司组织有关部门(生产、技术、质量)复验认为符合竣工验收标准后,报请施工项目监理部组织施工项目预验。

3)监理部预验收

项目监理部接到施工单位上报的施工项目竣工报告后,总监理工程师要将施工单位项目经理、技术负责人、质检员、专业监理工程师组成预验小组,对竣工项目分段、分层、分项,根据国家标准、建筑工程质量验收规范、设计文件、施工项目合同等要求进行抽验,为正式验收做好充分的准备。

4)编制竣工图

竣工图是如实反映施工后施工项目情况的图纸,是施工项目竣工验收的主要文件。施工项目在竣工前,必须及时组织有关人员进行测定和绘制竣工图,以保证施工项目档案完备,满足维修、管理、改造或扩建的需要。所以,竣工图必须做到准确、完整,并符合长期归档保存的要求。

(1)竣工图的编制应以施工项目中未变更的原施工图纸、设计变更通知书、工程联系单、施工项目变更洽商记录、施工项目放样资料、隐蔽施工项目记录和施工项目质量检查记录等原始资料为编制依据。

(2)竣工图的编制应加盖竣工图章。竣工图章的内容应包括发包人、承包人、监理人、单位名称、图纸编号、审核人、负责人、编制时间等。

(3)竣工图的编制时间应区别以下情况。

① 没有变更的施工项目图应由承包人在原施工项目图上加盖竣工图章作为竣工图。

② 在施工中虽有一般性设计变更,但就原施工项目图加以修改补充作为竣工图的,可不重新绘制,由承包人在原施工项目图上注明修改部分,附以设计变更通知单和施工项目说明,

加盖竣工图章作为竣工图。

③ 有结构形式改变、工艺改变、平面布置改变、施工项目改变以及其他重大改变，不宜在原施工项目图上修改、补充的，责任单位应重新绘制改变后的竣工图，并由承包人负责在新图上加盖竣工图章作为竣工图。

六、施工项目正式竣工验收的步骤和工作程序

竣工验收是建设工程项目竣工后，由建设单位会同设计、施工、设备供应单位及工程质量监督等部门，对该项目是否符合规划设计要求以及建筑施工和设备安装质量进行全面检验，取得竣工合格资料、数据和凭证的过程。因此对其验收的步骤和程序必须清楚掌握。

（一）施工项目正式竣工验收的步骤

1）单项施工项目验收

单项施工项目验收是指在一个总体施工项目中，一个单项施工项目或一个车间已按设计要求施工完毕，能够满足生产要求或具备使用条件，且施工项目单位已预验，监理工程师已初验通过，在此条件下进行正式验收。

由几个施工项目企业负责施工的单项施工项目，当其中某一个企业所负责的部分已按设计完成，也可组织正式验收，并办理交工手续。在交工时，应请总包施工项目单位参加，以节约时间。另外，对于建成的住宅，可分幢进行正式验收。

2）全部施工项目验收

全部施工项目验收是指整个施工项目已按设计要求全部施工完毕，并已符合竣工验收标准，经施工项目单位预验通过，由监理工程师初验认可后组织以施工单位为主，设计和施工等单位参加的正式验收。在全部验收整个施工项目时，对已验收过的单项施工项目可不再进行正式验收，并办理验收手续，但应将单项施工项目验收单作为全部施工项目验收的附件加以说明。

（二）正式竣工验收的工作程序

（1）参加施工项目竣工验收的各方对已竣工的施工项目进行目测检查，同时逐一检查施工项目资料所列内容是否齐备和完整。

（2）举办各方参加的现场验收会议。会议通常包括以下事项。

① 项目经理介绍施工项目情况、自检情况以及竣工情况，出示竣工资料（竣工图和各项原始资料及记录）。

② 监理工程师通报施工项目监理中的主要内容，发表竣工验收的意见。

③ 业主根据在竣工施工项目中目测发现的问题按照合同规定对施工单位提出限期处理的意见。

④ 暂时休会，由质检部门会同业主及监理工程师讨论施工项目正式验收是否合格。

⑤ 复会，由监理工程师宣布验收结果，质监站人员宣布施工项目质量等级。

（3）办理竣工验收签证书。竣工验收签证书生效必须由业主、施工单位和监理工程师三方签字方。

七、施工项目竣工验收的资料

竣工验收是全面考核建设工作，检查施工项目是否符合设计要求和工程质量要求的重要环节，对促进建设项目（工程）及时投产，发挥投资效果，总结建设经验有着重要的作用。因此，

工作人员必须清楚地了解验收的资料。

（一）施工项目技术资料

施工项目技术资料的主要内容包括开工报告、竣工报告，项目经理、技术人员聘任文件，施工项目组织设计，图纸会审记录，技术交底记录，设计变更通知，技术核定单，地质勘探报告，定位测量记录，基础处理记录，沉降观测记录，防水工程抗渗试验记录，混凝土浇灌令，商品混凝土供应记录，施工项目复核记录，质量事故处理记录，施工项目日志，施工项目合同、补充协议，施工项目质量保修书，施工项目预（决）算书，竣工项目一览表和施工项目总结。

（二）施工项目的相关质量保证资料

1）施工项目的质量保证资料

主要包括钢材出厂合格证、试验报告，焊接试（检）验报告，焊条（剂）合格证，水泥出厂合格证或报告，砖出厂合格证或试验报告，防水材料合格证或试验报告，构件合格证，混凝土试块试验报告，砂浆试块试验报告，土壤试验、打（试）桩记录，地基验槽记录，结构吊装、结构试验记录，隐蔽施工项目验收记录和中间交接验收记录。

2）采暖卫生与燃气的质量保证资料

主要包括材料、设备出厂合格证，管道、设备强度焊口检查和严密性试验记录，系统清洗记录，排水管灌水、通水、通球试验记录，洁具盛水试验记录和锅炉烘炉、煮炉、设备试运转记录。

3）建筑电气安装的质量保证资料

主要包括主要电气设备、材料合格证，电气设备试验调整记录，绝缘、接地电阻测试记录和隐蔽工程验收记录。

4）通风与空调工程的质量保证资料

主要包括材料、设备出厂合格证，空调调试报告，制冷系统检验、试验记录和隐蔽施工项目验收记录。

5）电梯安装工程的质量保证资料

主要包括电梯及附件、材料合格证，绝缘、接地电阻测试记录，空、满、超载运行记录和调整、试验报告。

（三）施工项目质量验收资料

施工项目质量验收资料的内容有八项。

（1）施工项目质量管理工作体系检查记录。

（2）检验批质量验收记录。

（3）分项施工项目质量验收记录。

（4）分部施工项目质量验收记录。

（5）单位施工项目竣工质量验收记录。

（6）质量控制资料检查记录。

（7）安全与功能检验资料核查及抽查记录。

（8）观感质量综合检查记录。

八、施工项目竣工验收后的核实

（一）个人投资施工项目

如外商投资施工项目，监理工程师只需验收之后协助承包单位与投资者进行交接便可。

（二）企业投资施工项目

如企业利用自有资金进行的技改施工项目,验收与交接对应的是企业法人代表。

（三）国家投资施工项目

国家投资施工项目有中小型施工项目和大型施工项目之分。

1）中小型施工项目

在中小型施工项目中,一般由地方政府的某个部门担任业主的角色,例如,以本地的建委、城建局或其他单位作为业主的施工项目,其验收与交接应在承建单位与业主之间进行。

2）大型施工项目

在大型施工项目中,通常会委托地方政府的某个部门担任建设单位(业主)的角色,但建成后的施工项目产品所有权归国家(中央)所有。其中,施工项目的验收与交接有以下两个层次。

（1）承包单位向建设单位的验收与交接,一般是施工项目竣工并通过监理工程师的竣工验收之后,由监理工程师协助承包单位向建设单位进行施工项目所有权的交接。

（2）建设单位向国家的验收与交接,通常在建设单位接受竣工的项目并投入使用一年后,由国家有关部委组成验收工作小组进驻项目所在地。需在全面检查施工项目的质量和使用情况之后进行验收,并履行项目移交的手续。此时,验收与交接是在国家有关部委与当地建设单位之间进行的。

施工项目经竣工验收合格后,便可办理交接手续,即将施工项目的所有权移交给建设单位。主要包括五个方面的内容。

（1）交接手续应及时办理,以便使项目早日投产使用,充分发挥投资效益。

（2）在办理施工项目交接前,施工单位要编制竣工结算书,以此作为向建设单位结算最终拨付的工程价款。

（3）竣工结算书通过监理工程师审核、确认并签证后,才能通知建设单位与施工单位办理施工项目价款的拨付手续。

（4）竣工结算书的审核依据包括施工项目承包合同、竣工验收单、施工图纸、设计变更通知单、施工项目变更记录、现行施工项目安装预算定额、材料预算价格、取费标准等。需要审核的内容包括各单位施工项目的施工项目量、套用定额、单价、取费标准及费用等。同时,竣工结算书要分清有无多算、错算的情况,与施工项目实际是否符合,所增减的预算费用有无根据、是否合法。

（5）在施工项目交接时,还应将成套的施工项目技术资料进行分类整理、编目建档后移交给建设单位。同时,施工单位还应将施工项目中所占用的房屋设施进行维修清理、打扫干净,并连同房门钥匙全部予以移交。

第二节 施工项目总结与竣工结算

总结是指全面系统地对某一时间段的总检查、总评价、总分析、总研究,分析成绩、不足、经验等情况。竣工结算是建筑企业与建设单位之间办理工程价款时采用的一种结算方法,指施工项目在竣工后甲乙双方对该施工项目发生的应付、应收款项做最后的清理结算。本节主要介绍了施工项目的总结与竣工结算。

一、施工项目的总结

全部施工项目竣工后，应认真进行该施工项目的总结，其目的在于积累经验，吸取教训，以提高经营管理水平。总结的中心内容有工期、质量和成本三个方面。

（一）工期

主要根据施工项目合同和施工项目总进度计划，从以下七个方面对施工项目进行总结分析。

（1）将施工项目建设总工期、单位施工项目工期、分部施工项目工期和分项施工项目工期的计划工期同实际完成工期进行分析对比，并分析施工项目主要阶段的工期控制。

（2）检查施工项目方案是否先进、合理、经济，并有效地保证工期。

（3）分析检查施工项目的均衡施工情况、各分项施工项目的协作及各主要工种工序的搭接情况。

（4）劳动组织、工种结构和各种施工项目机械的配置是否合理、是否达到定额水平。

（5）各项技术措施和安全措施的实施情况，是否能满足施工需要。

（6）各种原材料、预制构件、仪器仪表、机具设备、各类管线加工订货的实际供应情况。

（7）新工艺、新技术、新结构、新材料和新设备的应用情况及效果评价。

（二）质量

质量方面的总结主要根据设计文件要求、设计说明以及《建筑工程施工质量验收统一标准》，从以下四个方面进行对比分析。

（1）按国家规定的标准，评定施工项目的质量等级。

（2）对隐蔽工程、主体结构、装修工程、暖卫工程、电气照明工程、通风工程和设备安装工程等进行质量评定分析。

（3）总结分析重大质量事故。

（4）明确各项施工项目质量保证措施的实施情况及施工项目质量责任制的执行情况。

（三）成本

总结施工项目成本应根据施工项目承包合同以及有关国家和企业成本的核算和管理办法，从以下四个方面进行对比分析。

（1）总收入和总支出的对比分析。

（2）计划成本和实际成本的对比分析。

（3）人工成本和劳动生产率，材料、物质耗用量和定额预算的对比分析。

（4）施工项目的机械利用率及其他各类费用的收支情况。

二、竣工结算

工程竣工验收报告一经产生，承包人便可在规定的时间内向建设单位递交竣工结算报告及完整的竣工结算资料。竣工结算是指项目经理部与建设单位按合同规定进行的施工项目进度款结算与竣工验收后的最终结算。结算的目的是施工单位向建设单位索要施工项目款，实现商品的"销售"。

（一）竣工结算的依据

在进行竣工结算时，主要的依据内容有八个方面。

（1）施工项目合同。

（2）中标投标书报价单。

（3）施工项目图及设计变更通知单、施工变更记录、技术经济签证资料。

（4）施工项目图预算定额、取费定额及调价规定。

（5）有关施工项目技术资料。

（6）竣工验收报告。

（7）施工项目质量保修书。

（8）其他有关资料。

（二）竣工结算的编制原则

在编制工程竣工验收报告时，要按以下四个原则来进行。

（1）以单位施工项目或合同约定的专业项目为基础，检查并核对原报价单的主要内容。

（2）发现有漏算、多算或计算错误的内容，应当及时进行调整。

（3）若施工项目由多个施工项目单位构成，应将多个单位的施工项目竣工结算书汇总，编制成单项施工项目竣工综合结算书。

（4）由多个单项施工项目构成的建设项目，应将多个单项的施工项目竣工综合结算书汇编成建设项目的竣工结算书，并撰写编制说明。

（三）竣工结算的基础工作

竣工结算必须在一定的基础上进行才能够切实有效，主要有八点。

（1）开工前的施工准备和"三通一平"的费用计算是否准确。

（2）钢筋混凝土结构在施工项目中的含钢量是否按规定进行调整。

（3）加工订货的项目，其规格、数量、单价与施工项目图预算及实际安装的规格、数量、单价是否相符。

（4）特殊施工项目中使用的特殊材料的单价有无变化。

（5）施工项目变更记录、技术经济签证与预算调整是否相符。

（6）分包施工项目费用支出与预算收入是否相符。

（7）施工项目图要求与实际施工有无不相符。

（8）施工项目量有无漏算、多算或计算失误。

四、竣工结算的审批支付

竣工结算既是反映项目实际造价的技术经济文件，也是开发商进行经济核算的重要依据。每项工程完工后，承包商在向开发商提供有关技术资料和竣工图纸的同时，都要编制工程结算报告，办理财务结算。

（1）竣工结算报告及竣工结算资料应按规定报送承包方主管部门审定，在合同约定的期限内递交给发包人或其委托的咨询单位审查。

（2）竣工结算报告和竣工结算资料递交后，项目经理应按照《施工项目管理责任书》的承诺，配合企业预算部门，督促发包人及时办理竣工结算手续。企业预算部门应将结算资料送交财务部门，据以进行施工项目价款的最终结算和收款。发包人应在规定期限内支付全部的施工项目结算价款，发包人逾期未支付施工项目结算价款的，承包人可与发包人协商将施工项目折价或申请人民法院强制执行拍卖，依法在折价或拍卖后收回结算价款。

（3）施工项目竣工结算后,应将施工项目竣工结算报告及结算资料纳入施工项目竣工验收档案,移交发包人。

第三节　施工项目回访与质量保修

当前,施工项目质量问题越来越严重,一定程度上成了施工项目行业发展的瓶颈。本节介绍了如何加强施工项目的回访及质量保修等一系列质量问题,并提出解决措施。

一、施工项目回访

施工项目回访是施工企业坚持"为人民服务,对用户负责"理念,并一以贯之且行之有效的一项管理制度。目前,在激烈的市场竞争中,一个拥有先进管理技术的施工企业不仅会持之以恒地执行"施工项目回访"这项管理制度,同时还会扩大和发展提高原保修责任期的服务工作,为其注入新内涵。

（一）施工项目回访的方式

施工项目回访一般有以下四种方式。

1）季节性回访

季节性回访是指按季节对竣工的施工项目进行定期回访,若发现问题立即采取有效措施,及时解决。

（1）夏季回访屋面及有要求的墙和房间的隔热情况以及制冷系统的运行及效果。

（2）冬季回访锅炉房及采暖系统的运行及效果等。

2）技术性回访

进行技术性回访主要是为了了解在施工项目过程中所采用的新材料、新技术、新工艺、新设备等的技术性能和使用效果以及设备安装后的技术状态等。同时,在发现问题后,要及时解决,以便总结经验、从而不断改进并完善施工项目技术,为进一步推广施工项目技术创造条件。通常情况下,技术性回访既可定期进行,也可不定期进行。

3）保修期满前的回访

该回访一般会在保修期满前进行,标志着保修期即将结束。在保修期满前回访,既可以解决出现的问题,又可以提醒施工单位注意以后建筑物的维护和使用。

4）特殊性回访

特殊性回访是指施工企业回应某一特殊施工项目的建设单位邀请和用户邀请,或结合企业自身特殊需要进行的专访。对于特殊性回访,施工企业要做到两点。

（1）认真做好记录,并就选定的特殊设备、材料和正确的使用方法、操作、维护管理等方面,为建设方提供咨询性技术服务。

（2）在应邀专访中,应真诚地为业主和用户提供优质服务。

（二）施工项目回访的方法

（1）应由施工单位的领导组织生产、技术、质量、水电(也可包括合同、预算)等有关方面的人员进行回访,必要时还可以邀请科研方面的人员参加。

（2）回访时,由建设单位组织座谈会或意见听取会,并实地检查与查看建筑物及其设备的运转情况等。

（3）回访必须要认真，切实解决问题，应做好回访记录。必要时，还应将回访整理成回访记录，绝不能把回访当成形式，简单的走过场。

（三）施工项目回访的形式和次数

1）施工项目回访的形式

目前，施工项目回访的形式多种多样，主要采用的方式有上门拜访、发信函调查、电话沟通联系、发征求意见书等。

2）施工项目回访的次数

在规定保修期限内，施工项目回访的次数每年不得少于两次，在冬雨季时要重点回访。一般来说，施工企业的主管责任部门每年都会对企业所负责的在保修责任期内的施工项目统筹安排回访计划，并按计划组织执行。

二、施工项目保修

建设工程承包单位在向建设单位提交工程竣工验收报告时，应当向建设单位出具质量保修书。质量保修书中应当明确建设工程的保修范围、保修期限和保修责任等。

施工项目保修是指施工项目自办理交工验收手续后，在规定的期限内，因勘察、设计、施工、材料等原因造成的质量缺陷，应当由施工单位负责维修。其中，质量缺陷是指施工项目不符合国家或行业现行的有关技术标准、设计文件以及合同中对质量的要求。施工项目的保修主要有以下三个方面。

（一）施工项目的保修范围

（1）屋面、地下室、外墙、阳台、厕所、浴室以及厨房等处的渗水或漏水等。

（2）各种通水管道（包括自来水、热水、空调供排水、污水、雨水等）漏水者，各种气体管道漏气以及通气孔和烟道不通者。

（3）水泥地面有较大面积的空鼓、裂缝或起砂者，墙料面层、墙地面大面积空鼓、开裂或脱落者。

（4）内墙抹灰有较大面积起泡，乃至空鼓脱落或墙面料浆起碱脱皮者，外墙装饰面层自动脱落者。

（5）暖气管线安装不良，局部不热，管线接口处及洁具接口处不严而造成漏水者。

（6）其他由于施工不良而造成的无法使用或使用功能不能正常发挥的施工项目部位。

（7）建设单位特殊要求施工单位必须保修的范围。

（二）施工项目的保修期限

《建设工程质量管理条例》第四十条规定，在正常使用条件下，建设工程的最低保修期限分为以下几项。

（1）基础设施工程、房屋建筑的地基基础工程和主体结构工程，为设计文件规定的该工程的合理使用年限。

（2）屋面防水工程、有防水要求的卫生间、房间和外墙面的防渗漏，为5年。

（3）供热与供冷系统，为2个采暖期、供冷期。

（4）电气管线、给排水管道、设备安装和装修工程，为2年。

其他项目的保修期限由发包方与承包方约定。

建设工程保修期自竣工验收合格之日起计算。

（三）施工项目的保修方式

1）法律保修方式

为保护建设单位、施工单位、房屋建筑所有人和使用人的合法权益，维护公共安全和公众利益，根据《中华人民共和国建筑法》和《建设工程质量管理条例》，有以下几种保修方法。

（1）签订建筑安装工程保修书。在施工项目竣工验收的同时，施工单位与建设单位要按合同约定签订建筑安装工程保修书，明确承包的施工项目的保修范围、保修期限和保修责任等。目前保修书虽无统一规定，但中华人民共和国住房和城乡建设部、国家市场监督管理总局最新颁布的《建设工程施工合同（示范文本）》（GF—2017—0201）中附有保修书范本，可供参考。

通常来说，建筑安装工程保修书的主要内容应包括工程概况、房屋使用管理要求、保修范围和内容、保修时间、保修说明、保修情况记录等。此外，建筑安装工程保修书还须注明保修单位（即施工单位）的名称、详细地址、电话、联系接待部门（如科室）和联系人等，以便与建设单位联系。

（2）要求检修和修理。在保修期内，当建设单位或用户发现房屋由于施工项目质量使用功能不良，而影响使用时，使用人通常可按工程质量修理通知书正式文件的相关要求，通知承包人进行保修。而如果是较小的质量问题，使用人则可以用口头或电话的方式向施工单位的有关保修部门说明情况后，要求对方派人前来检查和修复。

收到使用人的检修和修理通知后，施工单位必须尽快派人前往检查，并会同建设单位作出鉴定，提出修理方案，以尽快组织人力、物力进行修理。

（3）修理的验收。施工单位在修理完毕后，要在保修书的"保修记录"栏内据实记录，同时还需经过建设单位或用户验收签认，达到质量标准和使用功能的要求才可确认修理工作完结。此外，还要注意保修期限内的全部修理工作记录在保修期满后，应及时请建设单位或用户认证签字。

2）商定经济处理办法

由于施工项目情况比较复杂，有些需要保修的项目往往是由多种原因造成的。因此，在经济责任的处理上，必须依据修理项目的性质、内容并结合检查修理等多种原因的实际情况，由建设单位和施工单位共同商定经济处理方式。一般有五种。

（1）保修的项目确实是由施工单位施工责任造成的，或遗留的隐患和未消除的质量通病，则由施工单位承担全部保修费用。

（2）保修的项目是由建设单位和施工单位双方的责任造成的，双方应本着实事求是的原则，共同商定各自应承担的修理费用。

（3）修理项目是由建设单位的设备、材料、成品、半成品质量不好等原因造成的，则应由建设单位承担全部修理费用，施工单位应积极满足建设单位的要求。

（4）修理项目属于建设单位另行分包的或使用不当，虽不属保修范围，但施工单位应本着为用户服务的宗旨，在可能的条件下给予有偿服务。

（5）涉外施工项目的保修问题除按照上述办法修理外，还应依照原合同条款的有关规定执行。

三、施工项目保修金

建筑工程中,质量保修金是指建设单位与施工单位在建设工程承包合同中约定或施工单位在工程保修书中承诺,在建筑工程竣工验收交付使用后,从应付的建设工程款中预留的用以维修建筑工程在保修期限和保修范围内出现的质量缺陷的资金。

(一)施工项目保修金的来源

通常情况下,施工承包方按国家有关规定和合同条款约定的保修项目、内容、范围、期限及保修金额和支付办法,进行保修并支付保修金。保修金由建设发包方掌握,一般按合同价款的一定比例,在建设发包方应付施工承包方施工项目款内预留,而这一比例由双方在协议条款中约定。保修金额往往都是合同价款的保修金,具有担保性质。若施工承包方已向建设发包方出具保函或有其他保证的,也可不留保修金。

(二)施工项目保修金的使用

保修期间,施工承包方在接到修理通知后应及时备料、派人进行修理;否则,建设发包方可委托其他单位和人员修理。因施工承包方原因造成返修的费用,建设发包方将在预留的保修金内扣除,不足部分由施工承包方支付;因施工承包方以外的原因造成返修的经济支出,由建设发包方承担。

(三)施工项目保修金的结算和退还

施工项目保修期满后,应及时结算和退还保修金。其中,采用按合同价款的一定比例,在建设发包方应付施工承包方施工项目款内预留保修金办法的,建设发包方应在保修期满 20 天内结算,并将剩余保修金和按协议条款约定利率计算的利息一起退还给施工承包方,不足部分由施工承包方支付。

四、建立用户服务管理新机制

施工企业必须在施工前为用户着想,施工中对用户负责,竣工后让用户满意,积极搞好"三保"(保试运、保投产、保使用)和回访保修。

很多建筑施工的大中型企业认真贯彻实施守则中规定的这一原则,积极开展"创建用户满意工程和用户满意企业"的活动,在工程管理实践中不断地总结经验,创建新型的管理体制和机制,设立"项目管理部"和"用户服务部",用集约型经营和管理的方式策划和实施全企业所有施工项目的用户服务管理工作,取得了显著的成效,赢得了建设单位的信任,占据着建筑市场较大的份额。

第四节 施工项目质量与社会信誉

由于工程施工项目涉及面广,其施工过程是一个极其复杂的综合过程,再加上项目位置固定,生产流动,结构类型不一以及质量要求,施工方法不同,体形大,整体性强,建设周期长,受自然条件影响大等特点,故施工项目的质量比一般工业产品的质量更加难以控制,与施工单位的社会信誉息息相关。

一、施工项目质量的重要性

施工项目行业是一个特殊行业，涉及各行各业、千家万户。"百年大计，质量第一"是我国工程建设的质量工作方针。只有不断地提高施工项目质量，创建优质施工项目，施工企业乃至整个施工行业才能树立信誉以及生存发展。施工项目质量不仅是施工项目行业的生命，也是施工项目行业发展、进步的主要内容和主要标志保证，还是提高施工项目质量建筑管理的根本任务之一。

二、施工项目质量与社会信誉的案例

以笔者负责过的"上海地铁二号线中央公园站（现为世纪公园站）项目"为例。该项目不仅两次荣获"上海市重大工程文明工地"称号，还荣获了上海市"白玉兰奖"。在该项目中，笔者团队扭亏为盈，除了获得业主奖励的1 000多万元工程款外，还在此基础上中标了"上海地铁明珠三号线项目"。该项目获得成功，正是"目标＋责任制＋服务保障＋奖惩模式"的合理运用。

笔者将从"上海地铁二号线中央公园站项目"的项目背景、采取措施以及"目标＋责任制＋服务保障＋奖惩模式"的具体内容三个方面进行介绍。

（一）项目背景

上海地铁二号线中央公园站是笔者所在的中铁十二局进入上海地铁的窗口项目，也是中铁十二局承担的第一个地铁施工任务。在施工项目过程中，由于管理经验缺乏、施工队伍和要素不足、施工方法不当，在进场后进展缓慢、出现了巨额亏损，导致了施工队面临被业主清退的局面。

在这样的情况下，该项目成为集团公司的告急工点和头号重点。为了扭转局面，集团公司和中铁十二局果断采取了组织措施，调整了施工项目领导班子，并由笔者担任项目经理。接任后，笔者提出了"确保施工进度，搞好安全质量，争创文明示范工地，扭转经济亏损，在上海浦东杀出一条活路"的总口号。

（二）采取措施

在对"上海地铁二号线中央公园站项目"进行项目管理的过程中，采取了很多措施，主要内容有以下几点。

1）四位一体模式

采用四位一体模式后，项目全体人员齐心协力，提高了办事效率，减少了员工摩擦，促进了节点目标的实现，减少了成本。

（1）明确目标。确保工期安全质量和效益，争创文明工地，而工期是龙头。

（2）落实责任。划分两个责任区和两个工队来组织施工项目，形成竞争态势；同时，保证两个责任区的相关人员必须配齐，且要素相对固定。

（3）落实服务保障。如施工图纸、施工方案、施工技术、物资设备材料及资金等。

（4）落实奖励政策。按照工队、管区、项目部门科室三个层次，以完成任务的主体——工队为基本奖励对象，并在其按期完成每一个节点后奖励一定金额；同时，管区和项目部科室在一定比例上应同奖同罚。

（5）随着施工项目进度的发展和难度的增加，奖励可以逐渐加大，但必须及时兑现。

2）文明施工

要实现文明施工，就要做到四点。

（1）坚持工完料清，随用随清。

（2）坚持施工项目的标准化作业、杜绝"违规、违章、违纪、违法"现象。

（3）坚持班前教育，及时排查隐患，并对其作出整改。

（4）施工项目部门带头作业，做好文明施工。

3）采用多种施工项目劳务分包模式，因地制宜，平衡各方关系

各种类型的分包模式包括同等资质分包；具有相应资质的专业队伍分包；具有资质的劳务队伍分包。

4）依法按标施工

在施工项目过程中，主要依据《中华人民共和国安全生产法》《中华人民共和国森林法》《中华人民共和国土地管理法》《中华人民共和国治安管理处罚条例》《中华人民共和国环境保护法》《中华人民共和国劳动合同法》《水利工程管理法规》《中华人民共和国刑法》等法律。

5）平等交流，解决现场问题。

有效解决问题既要尊重对方，又要平等交流。在遇到问题时，切忌含糊不清，需直接说清楚。

6）采用集中投入法，使工效翻倍

采用集中投入法（任务倒算法），即把保底任务量化后作为参数，每多完成一个保底参数额，则工资翻倍。这种方式可以极大地调动施工项目人员的积极性。

（三）"目标＋责任制＋服务保障＋奖惩模式"的具体内容

要实现"目标＋责任制＋服务保障＋奖惩模式"就必须做到管理要有目标、责任制、服务保障、奖惩措施。否则达不到期望效果。其主要内容包括四点。

1）抓目标确定

根据业主总目标要求，层层分解，确定月、旬、日目标，使目标"横向到边、纵向到底"，确立全员的目标节点意识。同时，除了工期目标外，还要制定质量安全成本目标。

2）抓责任制落实

根据总体任务和总体工期的要求，将责任区细化，使之便于组织施工。与此同时，要成立相对固定和独立作战的现场小团队，明确具体施工项目的任务和指标，建立责任制，并保证其能接受项目部门的统一领导和管理，接受项目部门的考核和奖惩。不仅如此，还要确保各项任务的管理落实。

3）抓服务保障

为了让保障工作各层次分工清晰、各方积极配合，从而满足现场需求，需做到四点。

（1）由个体劳务队实行劳务承包。

（2）小型机具材料由工队承包，自行采购。

（3）大宗材料及周转材料由项目部门统一采购。

（4）技术工作由项目部门保障。

4）抓激励机制

激励机制的内容主要有五个方面。

（1）制订节点奖励计划，突出重奖。对完成节点目标者予以翻倍的工费或工资奖励。在

设立节点奖金后,确保每项奖励都可通过各方努力获得。

(2) 奖励以工队完成单项施工项目为单元,并对现场相关配合人员采取挂钩同奖同罚的方法。

(3) 建立颁奖台,及时兑现奖励。

(4) 项目部门的检查、督促、帮助、协调工作要及时、到位。

(5) 对于个别小计划且易失败的节点目标单位要单独进行帮助,以保证施工项目的质量。

第十一章

施工项目信息管理

施工项目信息管理是指项目经理部以施工项目管理为目标,并以施工项目信息为管理对象,有计划地收集、处理、储存、传递、应用各类各专业信息所进行的一系列工作的总和。为了实现施工项目管理的需要,提高管理水平,项目经理部应建立施工项目信息管理系统,优化信息结构,使大量的施工项目相关信息的处理更加动态化,高速化,高质量化,从而有效地组织信息流通,以实现施工项目管理的信息化,为决策、经济效益和预测未来提供科学依据。本章以计算机信息技术为切入点,全面地介绍与分析了施工项目管理信息系统的应用、设计及实施。

第一节　计算机信息技术概述

信息化是人类社会生产力发展的重要标志,其核心是计算机技术。21 世纪是信息技术高速发展的时代,学习和掌握计算机基本知识并具备基本的应用能力,不仅有助于解决专业问题,还能丰富文化内涵,提高整体素质。充分发挥计算机在思维拓展方面的作用,可以让学习方式、生活方式和工作方式步入一个新阶段。

本节在概述计算机的发展历程、组成结构、工作过程三个方面的基础上,引入了信息与信息管理的概念,介绍了施工项目管理信息系统。

一、施工项目管理数据和信息的分类

1) 施工项目管理数据的分类

(1) 按照数据表示形式,可分为数字与文字、图形和声音。

(2) 按照数据使用要求,可分为计算用数据、查询用数据和分类用数据。

(3) 按照数据时间性,可分为长期数据和短期数据。

2) 施工项目管理信息的分类

在建立施工项目管理信息系统和使用这些信息时,可根据不同的需要进行分类。这样不仅可以满足项目管理工作的不同要求,还能提供适当的信息。

(1) 按照施工项目管理阶段,可分为施工项目投标阶段信息、施工准备阶段信息、施工阶段信息和竣工验收阶段信息。

（2）按照管理信息来源，可分为内部信息和外部信息。

（3）按照施工项目管理目标，可分为施工项目成本控制信息、进度控制信息和质量控制信息。

（4）按照施工项目管理层次，可分为决策层信息、管理层信息和实施层信息。

（5）按照施工项目管理专业，可分为生产信息、技术信息、经济信息和资源信息。

（6）按照管理信息本身特征，可分为固定信息、共用信息和自用信息。

以施工项目的材料消耗为例，在施工项目中，各种材料的消耗量对于材料管理人员是一种信息；而对于财务成本管理人员则是一种数据。此时，只有将材料的消耗量加工、处理成货币单位的形式，它才能成为财务信息。对于业主或项目管理负责人来说，还需要进一步的统计汇总，方可成为项目管理信息。这也是数据转化为信息的方式。

二、施工项目管理信息流

1）信息流的概念

信息流有广义和狭义两种。广义指在空间和时间上向同一方向运动的一组信息，它们有共同的信息源和信息的接收者，即是一个信息源向另一个单位传递的全部信息的集合。狭义指信息的传递运动，这种传递运动是在现代信息技术研究、发展、应用的条件中，信息按照一定要求通过一定渠道进行的。随着社会的信息化和信息的大量涌现，人们对信息要求的激增，信息流具有错综复杂、瞬息万变的形态。

2）施工项目管理信息流的形成以及反馈形成过程

施工项目，从施工准备、正式施工到竣工验收，形成了施工项目实施过程的物资流。而伴随着施工活动中物资流动，就形成了相应的信息流，一般用以控制和调节物资流。在信息流中，施工项目合同文件、施工项目规划文件、质量检验报告和成本核算报告、变更通知单、技术交底和竣工验收报告等信息构成了施工项目管理信息流。

施工项目管理的主要功能体现在根据系统内外各种信息这一点上，并运用规划、组织、协调、控制和检查的基本方法，使施工项目管理按施工项目承包合同条款的规定全面实施控制目标。如果从信息流角度把施工项目的组织、协调和检查当作执行过程，那么施工项目的管理过程则是一个反馈控制的过程。

第二节　施工项目管理信息系统分析与应用

在施工项目技术迅猛发展的今天，施工企业只有不断加强自身的施工项目管理水平，才能在保证施工质量、加快施工进度及降低施工成本方面更胜一筹。因此，如何利用网络信息技术加强施工项目管理水平，已成为施工项目管理领域的热点问题。信息管理系统是以提高效率和效益为目的，进行信息的采集、传输、加工、储存、更新和维护等工作的人机交互系统，建议同步管理施工项目现场。本节主要阐述了施工项目管理信息系统的分析与应用。

一、施工项目管理信息系统的分析目的

随着施工项目市场竞争环境的日趋激烈，施工项目企业要想在竞争中求生存、谋发展，就

必须要掌握施工项目企业项目管理科学化的相关技术。其中,对施工项目实行信息化管理十分必要并且是切实可行的。信息技术可以有效整合施工企业拥有的技能、知识和资源,提高施工项目的整体经济效益和工作效率,从而增强企业的竞争力。下面笔者从建立信息系统目标、明确系统可行性和明确系统流程三个方面对施工项目管理信息系统的分析目的进行概述。

（一）建立信息系统目标

信息系统分析的首要任务是建立其系统目标,即解决施工项目管理信息系统要"做什么"的问题。信息系统目标既是系统建立的根据,也是分析系统的出发点。为了建立一个合理的信息系统目标,系统开发人员要在掌握了施工项目管理现状的基础上,通过与项目经理等相关施工项目管理人员的认真讨论,确定出信息系统所需解决的问题、性质和相关因素,从而明确系统开发的最终目的。

通常来说,开发施工项目管理信息系统的最终目的就是为施工项目管理全过程提供有效信息,以保证施工项目按期、顺利完成。

（二）明确系统可行性

施工项目管理信息系统的开发,不仅任务繁重,而且工作量大。因此,必须从客观实际出发,调查分析现有施工项目管理系统内外的环境和条件,并在论证新系统开发的可行性后,提出相关报告。

（三）明确系统流程

要通过调查分析现有系统,明确原系统的信息流程,并以此作为新系统设计的依据。

二、施工项目管理信息系统的分析步骤

（一）初步调查系统

对系统进行初步调查,不仅可以明确原系统范围、功能和存在的问题,还能论证建立施工项目管理新信息系统的必要性,从而提出设想和方案,并分析其可行性。

（二）调查管理组织结构

调查管理组织结构主要是为了厘清项目管理班子每个职能部门和人员相互间的层次关系以及各职能部门业务范围和相互关系。

（三）明确系统流程

系统流程分析是指系统分析人员在各业务部门的配合下,厘清现有系统的职能和业务流程。其目的在于明确系统流程的每个具体环节,判断其合理性;厘清其信息来源的去向和处理方法等内容,为设计新系统准备必要的基础资料。

三、计算机信息技术在施工项目管理中的应用现状

自改革开放以来,我国施工项目行业的固定资产总额已经取得了突破性进展,真正意义上实现了又好又快发展。但也应看到目前施工项目行业现行的管理模式已不再适应现代化社会的要求。在信息技术迅猛发展的今天,调整施工项目管理模式已变得越来越迫切。

就我国现有的状况来看,计算机信息技术并没有得到普及,只有一部分施工项目管理企业在经营的过程中融入了现代化信息技术,并以此来辅助施工项目各项管理工作的完成。从这些企业取得的成绩来看,利用计算机信息技术进行管理都使其取得了良好的效益。从我国施工项目行业的整体状况来看,完全普及计算机信息技术在施工项目管理中的运用,还有很长的

一段路要走。

四、计算机信息技术应用过程中存在的问题

在施工项目企业应用计算机信息技术的过程中,尚存在很多未能有效解决的问题。

(一)相关管理软件开发和施工项目管理不协调

在当前情况下,我国开发的相关管理软件实际上很难符合施工项目行业发展的要求,也得不到有效的利用,导致计算机信息技术的革新无法给施工项目行业带来实际效益。

1)技术的不协调

现阶段,相关计算机管理软件在施工项目管理的初期阶段得到了一定程度的应用,并取得了一定的成果。但是,现有的管理模式大多以传统经验为基础,并不能和新技术相协调。

2)人员的不协调

很多施工企业并没有配备专门负责计算机信息技术的管理人员,而普通管理人员又不具备掌握计算机技术的专业技能。同时,相关管理软件的开发人员也不具备施工企业管理的知识,一味地追求利润。

3)引进软件的不协调

尽管我国施工项目企业也会在一定程度上借鉴国外先进的经验和成果,但国外施工项目管理模式与我国施工项目管理模式存在很大的差别,因此国外相关管理软件并不一定适合我国施工企业管理的需要。这一点尤其体现在国内外单位内部结构不同上,即单位内部结构不同,软件使用范围也会不同。

目前我国市场上有很多国外汉化的管理软件,但只是把英语变成汉语,并没有进行本质上的改变与创新。不仅如此,从国外引进的管理软件往往都很昂贵,不适合我国大部分施工企业,将会给其带来成本负担。

(二)全能人才的匮乏和人员观念的差异

事实上,我国施工项目管理人员普遍缺乏对计算机信息技术的了解。可以说,我国施工企业中掌握高度技术的人员屈指可数,很多管理人员的思想依旧受到传统模式的影响,难以满足施工项目行业的长期发展需要。因此,我国施工项目行业往往会呈现掌握高技术人才供小于求的局面,这在一定程度上阻碍了计算机信息技术在施工项目管理中的应用。

除此之外,施工企业的管理层也往往缺乏对于计算机信息技术的正确认识。而由于其无法了解计算机信息技术给施工项目管理带来的便利性,所以很多企业都不愿意高薪聘请先进技术人才。这在无形中使施工企业与现代化技术的距离愈来愈远。

(三)施工项目企业管理机构人员变动频繁

1)施工项目的不稳定性

无论是环境条件还是连续性条件,施工项目往往都很不稳定,不仅变化因素多,而且无法进行人为控制。这让施工企业难以把握施工的频率和节奏,从而导致管理人员的起伏波动和调动频繁。

2)企业内部员工的局限性

对于企业的内部员工来说,大部分人并没有深入了解所在企业的文化,仍受到传统观念的束缚。更有甚者,不愿接受企业技术和知识的再培训。有时即便企业已投入资金让管理人员接受计算机信息技术培训,但由于人员变动过于频繁,导致该企业竞争力提升速度慢。

（四）施工项目管理环境多变

施工项目具有体积庞大、整体难分、不易移动等特点，这使施工项目生产呈现出了流动性大的特点，从而让企业的管理环境面临较大程度上的变化，其中包括了可见因素和不可见因素的动态变化。因此，如果仅局限于传统意义的施工项目管理模式，就会难以实现对动态形式的强有力控制。

五、强化信息技术在施工项目管理中的应用策略

与其他行业相比，施工项目管理在计算机信息技术的应用上仍然差强人意。而在新时期推动计算机信息技术的使用效率，已成为我国施工项目行业急需解决的问题。对此，无论是政府部门还是施工项目行业，都应将计算机信息技术应用提上日程，并不断将其与我国施工项目发展的现状相结合，从而实现二者的相互促进，共同发展。

（一）加快相关软件的开发和利用

我国信息技术领域要不断推出适合我国施工项目管理发展的计算机软件。一般情况下，一个新软件的研发可以在现行试点施工项目中进行，并以此带动计算机信息技术的发展。

同时，政府部门也要充分重视计算机信息技术对施工项目管理的重要意义，通过颁布相关法律法规和方针政策的方式，强制要求部分重点施工项目必须加快计算机管理信息系统和项目信息网络的建设步伐。不仅如此，政府部门还要为开发软件的企业创造良好的环境和条件，使其能和施工企业共同合作开发出相应的管理软件，实现互利共赢，从而带动我国经济的发展。

（二）大力推广施工企业内部对计算机信息技术的应用

1）政府部门

要全面实现施工企业内部对计算机信息技术的应用，我国政府的相关部门应做好多方面的协调工作，利用多样化途径推广计算机信息技术，使我国施工企业能够正确看待该项技术，并将其正确运用到各个生产经营环节。

2）建筑企业

对于一些实力雄厚的大中型建筑企业来说，要在软件使用方面投入一定的资金，并尽快掌握现代管理技术，以最终实现计算机信息技术在公司内部的普及。

对于一些利润较为稳定的企业来说，可以根据自身发展的需要，设立专门的部门来研究开发和推广计算机信息技术。

3）软件开发

对于现代化管理人才的培养和对施工项目管理软件市场的开发也极其重要。在这一层面上，可将计算机信息技术的应用情况作为相关工作人员上岗的重要条件要求，以最大限度地优化施工企业内部管理队伍的建设。

（三）提高项目管理人员的整体素质

在现代化企业当中，要始终贯彻"以人为本"的思想，实现全面协调可持续发展。对于施工企业来说，更要注重员工的作用。

事实上，计算机信息技术能否在施工项目管理中得到有效利用，在很大程度上取决于企业管理层的接受程度。从某种意义说，无论是企业管理层的领导人员，还是施工人员，都要具备一定的职业素养。

1）措施

（1）在企业内部开展多层次、多样化的职工培训工作是必要的，可以提高施工企业员工的专业技能和职业道德素养。

（2）为了让员工培训走上规范化道路，施工企业要结合继续教育和职业资格证制度，强化对建筑师、工程师、项目经理等多个部门管理人员和工作人员的培训，从最大程度提高相关技术人员和管理层对于计算机信息技术的掌握和了解能力，真正具备先培训、后上岗的硬性条件。

2）意义

长此以往，不仅能够使得员工的职业素养和专业技能得到切实提高，还可以从根本上推行施工项目管理中计算机信息技术的应用。

（四）促进信息系统的一体化

由于工作流程会给施工项目管理带来不容忽视的影响，而施工项目在立项与招标的过程中会涉及许多客观元素，因此管理体系难免会比较庞杂。在这种形式下，如何让计算数据更精确，是施工企业都需要考虑的问题。

在信息系统一体化的过程中，施工企业要着力突破每个部门固有的局限性，将现代化技术应用于其中，并将各相关内容有机联系在一起，最大程度上实现各项业务模块联合的监控。

如此一来，施工项目管理所涉及的各个环节或各个部门，都能实现协调运转，从而形成一个全方位且具有覆盖性的工作系统。

（五）增强施工项目管理的适应性

在施工项目环节，公路工程和铁路工程往往都会受到天气变化和地质状况的影响，而房屋建设也会受到环境保护的限制，从而影响到整个施工项目的资源投入和工期进度。与此同时，这也将预测成本提升到了一个新高度，以至于对数据的精确性产生了干扰。

基于此，施工企业应当设置施工参数的功能，让用户能够根据施工项目的所处环境来定义相关参数，让运行中的各项机制都能与实际相符，并及时提高有效信息的反馈度。另外，在施工项目的质量和安全得到保障的条件下，管理者应高度重视整项施工项目所涉及的成本和工期进度的问题。而以上这些只有施工项目管理完全适应了计算机信息技术的应用，才能够将效率最大化。

第三节　施工项目工程信息管理软件

先进的计算机信息技术可以大幅度提高我国建设工程管理水平，对推进我国建设工程行业的信息化、产业化进程具有十分重要的现实意义。当前，我国经济正处于快速发展阶段，很多大型建设工程往往都会面临工期紧张、技术复杂、规模巨大、交叉施工的问题。

一、建设工程信息管理软件的概念

建设工程信息管理软件，即建设工程信息的施工进程、工期控制、工程费用等内容，通过计算机网络技术进行管理的应用软件。该管理软件主要有五个功能模块，分别为进度计划管理模块、工程费用管理模块、资源管理模块、报告生成与输出模块以及其他辅助功能的模块。辅助模块一般指二次开发，具有数据保密、科学接口其他软件等功能。

二、建设工程信息化管理软件的发展

建设工程信息管理软件技术的迅猛发展以计算机技术的飞速发展为基础。"世界公认的第一台电子数字计算机"源于美国,早期开发的信息管理软件也是从西方发达国家引进。然而,当时的管理软件只能在庞大的计算机上运行,运用较局限,因此主要应用于国防和土木建筑工程工作,其他方面尚未运用。

我国信息管理软件的研究开发始于 20 世纪 70 年代。当时许多用户都发扬了"独立自主,自力更生"的精神,开始自行研发可满足面向个人需要的实用软件。这些软件在当时具有一定的先进性,但功能较单一。基于此,当时信息管理软件的生产规模相当小,属于小生产方式,故发展较为缓慢。

20 世纪 90 年代,我国建筑管理软件开始迅猛发展起来。改革开放后,我国的经济建设飞速发展,市场经济催生了几十家建设工程管理软件开发的民营企业。这些高科技的民营企业迅速奔上了社会化、专业化以及商业化的快速发展之路。

第四节 施工项目管理信息系统

近年来,数字化转型的浪潮席卷全球,成为企业、行业乃至国家层面都在广泛讨论的话题。目前,国内的数字技术驱动发展已经提升到了国家政策的高度,而数字技术的应用为各行各业带来的价值愈发显著。在各个行业借助数字化变革踏入全新发展阶段之时,作为传统行业的建筑施工领域却仍持久停留在低利润的状态,数字化转型也较为滞后。如何通过数字技术更好地赋能管理、更系统地组织和执行任务、更科学地提高生产水平等,都是施工企业待解决的问题。

建筑企业的工程项目管理信息化是指在整个工程项目中,利用信息技术有序化管理工程施工设计总过程,应用信息技术处理数据,促进各部门和项目参与方的信息交流,满足工程项目的信息化需求,为各单位的管理工作提供信息参考。

(一)基本结构

建设工程项目管理信息系统是一个信息处理体系,可以为不同的项目管理职能和管理层次提供信息服务。

内信息源是指来自建设项目本身的信息,如工程概况、设计文件、施工方案、合同文件、工程实际进展情况等。

外信息源是指来自项目外部环境的信息,如国家有关政策及法规、国内及国际市场上原材料及设备价格、物价指数、类似工程造价及进度等。

信息处理机由数据采集、数据变换、数据传输、数据存储等装置组成,主要功能为获取数据,并将其转换为信息提供给信息接收者。信息管理者负责建设项目管理信息系统的开发和运行工作,并负责系统中各个组成部分的协调配合,使之成为一个有机整体。

信息的接收者也就是信息的使用者,主要指处于建设项目管理组织内部不同职能不同层次的管理人员,其在从事建设项目管理工作时都需要项目信息的支持。

（二）特点

建筑施工的目的是形成具有一定功能的建筑物产品。建筑物产品的位置固定、形式多样、结构复杂和体积庞大等基本特征，决定了其在施工中往往具有生产周期长、资源使用品种多、用量大、空间流动性高等特点。施工项目的信息化管理，不仅意味着在建筑施工项目内部的管理过程中使用计算机，还具有更广泛更深刻的内涵。施工项目管理信息系统主要有五个特点。

1）适用性

施工项目信息系统必须满足施工项目管理人员的不同需要，即从系统得到的信息，必须能被信息需求者所理解，并能为其决策提供帮助。

2）可靠性

施工项目信息系统输出的信息要真实可靠，能使信息接收者信任系统。同时，只有施工项目管理人员相信系统可靠性，才会采用该系统输出的信息。

3）及时性

任何信息都具有时间性，施工项目管理信息系统必须能够及时处理有关数据，并及时提供给施工项目管理人员所需的信息。这是衡量系统优劣的重要标志之一。

4）经济性

施工项目管理信息系统开发和使用都需要投入成本，而系统提供信息所带来的效益与其开发成本相比，必须具有收益性。

5）机动性

施工项目管理信息系统与其他信息系统有所不同。这是因为，该系统常因施工项目规模、类型和承包方式不同而有所变动。因此，在设计施工项目管理信息系统时，必须考虑到其机动性，以满足不同施工项目管理条件的需要。

从施工项目管理的职能角度看，施工项目管理信息系统是一个由不同管理阶段为实现不同职能的若干子系统构成的系统。通常来说，这些子系统应按其管理活动目标划分，并要尽量减少各子系统之间的交叉联系。

（三）开发施工项目管理信息系统的必要条件

1）一定的科学管理基础

一定的科学管理基础是建立管理信息系统的前提条件。只有在合理的管理体制、完善的规章制度、稳定的生产秩序、一套科学的管理方法和程序、完整准确的原始数据的基础上，才能建成有效的管理信息系统。因此，施工项目管理信息系统和其他所有管理信息系统一样，要求企业必须做到四点。

（1）管理工作程序化。管理工作程序化是建立管理信息系统的首要条件。手工作业必须有一个合理的工作流程，使管理工作有所遵循。如果管理工作没有固定的程序，就无法让计算机来模拟人类进行工作。

（2）管理业务标准化。杂乱无章的管理业务同样无法使用计算机进行工作。管理信息系统要求企业按照现代化生产对管理的客观要求，把管理人员长期积累的实际经验，规定成标准的工作程序和工作方法，形成制度，成为行动准则。职能人员岗位责任制应该成为管理业务标准化的具体体现。

（3）报表文件统一化。计算机管理要求反映生产过程中同一项工作内容的报表格式、同类数据项目的含义和名称必须统一，因此要取消列入各类报表中的重复项目。

（4）数据资料完整化、代码化。一套完整准确的数据资料是企业管理工作的重要基础。计算机界有一句名言：如果送到计算机里的是垃圾，那么加工处理出来的结果仍是垃圾。也就是说，如果原始数据资料虚假或不完整，那么绝不会得到正确的结果。因此，数据资料代码化是计算机数据处理的特定要求。

2）足够的决心

开发和建立施工项目管理信息系统是一项十分复杂的系统工程，涉及与施工项目管理有关的各个部门。因此，不仅要投入大量的人力和物力，还需要一段比较长的开发时间，这是因为它不像开发单项应用程序那样，涉及面小、投入的人力物力少、能在见到效果后再开发。故而，在施工项目管理信息系统过程中，难免会遇到许多困难。

以为建立起合理的工作流程对现行的部分不合理内容进行改革为例。改革意味着改变，也意味着有些管理人员可能被迫放弃多年的工作，从而引起企业组织机构的变化。这无疑会让管理人员难以适应新的规定，甚至产生抵触情绪。不仅如此，由于系统开发的产品是无形的，给企业带来的经济效益大多数是间接的，不太容易用金钱来衡量，因此非常容易被误解，认为开发施工项目管理信息系统"花钱不少，收效不大"，从而半途而废。

另外，在系统开发过程中，改革一些不合理的旧规定相当于重新制定一些合理的新规定，这就要求所有部门之间的关系需要按照新系统的要求来协调。要实现这一点，企业领导不仅要有战略的眼光，站得高、看得远、亲自过问，而且还要有足够的决心，亲自参与，以表示支持。

（四）开发施工项目管理信息系统应解决的问题

开发施工项目管理信息系统不仅能充分利用已有的信息，还能服务于项目经理的决策，从而提高管理工作的科学性和效率。但开发施工管理信息系统需要一定的条件，其中必须解决的有四个问题。

1）迅速提高企业的素质

当前，我国施工企业的管理水平低，基础工作薄弱，许多管理工作仍然停留在手工生产的粗放形式阶段，精确的定量化管理尚未提上日程。这导致许多有用的原始信息大量散失，以至于无法完成搜集工作。对此，要建立和健全职工岗位责任制，逐步建立信息管理体系。

2）提高管理工作标准化、规范化的程度

当前，我国施工企业管理工作标准化、规范化程度差，管理工作的流程、报表在企业之间不统一，有的甚至在企业内部也不统一。这不仅严重影响了管理信息系统的建立，还影响了软件生产商品化的进程。

3）改变观念陈旧、满足于现状的思想认识

目前，施工企业还有相当一部分的领导和员工尚未熟悉计算机的应用，认为管理工作并不需要用计算机，甚至排斥计算机。对此，施工企业必须大力宣传，普及计算机知识，强化管理思想现代化，树立应用计算机的意识，以达到推广应用计算机的目的。

4）培养计算机管理人才

要开发施工项目管理信息系统，必须要有一定水平的计算机应用人才。因此，施工企业必须注重人才的培养。一方面，学校应该以"理论教学—实验实训—实践实习"的培养周期安排教学。理论教学强调"必需、够用"，注重学生信息管理基本理论的培养。实践教学强调加强学生的动手操作能力，专业课程安排相关的实验、实训。充分利用校外实训基地进行相应岗位的参观实习。

另一方面,聘请校外相关专业教师或企业的领导及业务人员为兼职教师,为学生举办学术讲座或承担实践教学任务,同时强化校企合作,积极争取职业界的支持,加强专业实验室的建设。

第五节　施工项目管理信息系统需求

一、形象进度管理

管理工程建设项目形象进度是进行工程技术管理的重要基础。因此,只有实时掌握项目的进度情况,才能及时收集和处理相对应的分部分项工程的工程技术资料,从而实现对项目工程技术管理。将三维可视化技术运用于形象进度管理中,可以更便捷、更直观地实现进度信息的搜集、储存、查询、输出等功能,以方便工程技术管理人员能够按照实时进度进行工程技术管理工作。

通常来说,技术人员会将工程建设项目的三维模型与模拟得到的施工进度计划、资源计划相结合,建立项目 3D 仿真模型。同时工程技术管理信息系统借助 3DMax 和 Direct3D,可实现项目形象进度管理:通过 3DMax 进行项目三维建模,建模后将模型导出成为 X 文件;通过改进的基于 Direct3D 的 DXUT 三维场景渲染引擎读入 X 文件,从而完成项目模型的三维重建及渲染;通过优化的三维场景漫游及部件的定位操作,实现与虚拟项目的交互。

基于三维仿真的项目形象进度主要包括全部显示、局部显示、单个隐藏、完成显示、动画显示、二维显示、部件定位、部件设置、信息录入等功能。通过三维部件颜色的变化来表明施工的进展过程,可以以动画方式显示施工过程的进展,而通过二维显示操作可以进一步查看部件施工进展的平面示意图。图 11-1 介绍了基于三维仿真的项目形象进度结构。

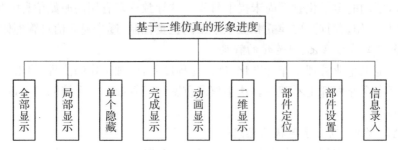

图 11-1　基于三维仿真的项目形象进度结构

(一) 全部显示

该功能的关键技术要求即构建项目 3D 模型,使项目模型的所有部件能以 3D 的形式在电脑屏幕上显示。要实现此功能,需做到三点。

(1) 详细分解拟建项目进行,而分解的标准应以施工工序安排为准。以桩基础为例,可将每根桩作为一个部件,并在 CAD 图纸中准确描绘每个部件的尺寸,以便构建准确的 3D 模型。

(2) 进行角度变换和情景渲染。其中,通过角度变换,可使项目模型能够实现平移、缩放、旋转等功能,让使用者能从不同角度查看不同部件。通过情景渲染,可使 3D 模型更真实,如阳光、绿化、投影等。

（3）通过全部显示，使用者能够在全项目范围内总体查看已施工完成部分，形成总体印象。

（二）局部显示

通过局部显示功能，使用者可点击拟建项目 3D 模型的某一部件来实现该部件三维模型的局部显示。这样一来，用户便可自主选择查看施工信息，如部件名称、工程量、完成情况等，而已完成的部件还可以查看完成时间。

（三）单个隐藏

在单个隐藏模式下，用户可通过点击某一部件将该部件隐藏。该功能是基于用户在全部显示中只能看到或点击整个建设项目最外部的机构，而内部的部件难以显示这一点设置的。因此，通过单个隐藏功能，用户可隐藏外部造成障碍的部件，从而看到被隐藏部件，以便查询其进度。

（四）完成显示

在完成显示模式下，系统会自动识别部件的完成情况，并在系统中只显示已完成的部件，隐藏未完成部件。通过完成显示功能，可以实现项目建设时间与空间实体的对应关系，直观地反应建设项目的当前进度。

（五）动画显示

通过动画显示功能，可以将建设项目的已完成部件按照施工完成时间的进度来变排先后顺序，并按此顺序依次显示在系统中，从而形成一种动态效果，重现项目的建设过程。

（六）二维显示

在二维显示模式下，双击某一部件会出现该部件的二维图形。二维图形是以建设项目的 CAD 图形为基础生成的，会将已完成部件标为红色。通过二维显示功能，可建立起三维图像各个部件与二维图形部件的对应关系，实现二者之的集成管理，使其可相互转换。三维模型与二维信息之间的数据关系如图 11-2 所示。

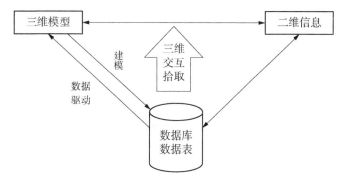

图 11-2　三维模型与二维信息的数据关系

（七）部件定位

部件定位功能主要体现在查看 3D 模型上。通过该功能，用户可输入某一部件名称中的部分字符来查询该部件，并在查询到目标部件后，双击即可精确定位到该部件的三维模型与详细建设信息。同时，该部件之外的结构会全都隐藏。

（八）部件设置

可以从根本上记录施工过程中的各类信息，可以较直观地跟踪施工进度，为管理者提供充分的决策依据，并以直方图的形式展示成本、材料消耗等信息。通常以时间轴的形式展示工期进度，且信息展示与施工过程动态演示联动。

（九）信息录入

信息录入功能是形象进度管理模块设置的唯一实时信息输入通道。通过该功能，施工单位可根据现场的施工情况，以最小的分解单元为对象录入施工项目进度信息，主要包括该单元的工程量、完成情况、完成时间等信息。录入信息后，如果该单元已完成，则系统会在三维模型或二维图像中将该部位标示为红色。同时，施工单位录入的信息可供其他系统用户随时查看和查询。

二、图纸会审

图纸会审工作是项目实施前期的一项重要的工程技术管理工作。因此，业主单位、监理单位、设计单位、施工单位等各个项目的参与单位都必须参加。这是因为，在项目实施前认真组织图纸会审环节可以有效保证施工质量，方便施工，节约建设成本，加快建设进度等，可以说图纸会审制是一项基本的工程技术管理制度。

（一）意义

（1）在一定程度上减少图纸中的低级错误，让施工单位从施工技术角度进一步完善图纸内容，优化建筑设计和结构设计。

（2）对于具有一次性特征的工程建设工作而言，及时发现问题便意味着及时解决问题，因此可以更有利于工程建设，避免造成巨大的经济浪费和时间浪费。

（二）程序

1）步骤

（1）在设计单位向业主单位、监理单位、施工单位提供设计图纸后，该部分单位的项目管理人员需认真学习图纸，充分了解设计思路和设计理念，并对照现场实际情况仔细核对图纸各个部位的尺寸、标高等内容，研究各工序间的关系。

（2）项目管理人员要在此基础上寻找图纸中的错误或难以理解的问题，并在监理单位组织的图纸会审会议上将问题逐一提出。

（3）设计单位逐一解答其他单位提出的问题，修改错误，完善缺陷，详细解释施工单位尚未理解透彻的内容，从而保障让各个单位都能够按照图纸进行合理的施工管理工作。

（4）监理单位整理汇总图纸会审记录，并形成图纸会审纪要，让各个参与单位进行会签，并将其作为设计文件的一部分发往各单位。值得注意的是，各单位要按照图纸会审纪要来管理工程项目。

在建设项目工程技术管理信息系统中，图纸会审管理模块要规范图纸会审流程，明确图纸会审责任。概言之，其主要功能就是录入、会签图纸会审记录和会审纪要。

2）图纸会审管理业务的要点

（1）录入图纸会审记录、会审纪要。图纸会审记录和会审纪要由监理单位录入，在录入时必须明确每一次图纸会审的编号、时间、地点及主要内容，并将相关的图纸和文件上传为附件。

（2）会签图纸会审记录、会审纪要。监理单位录入图纸会审记录、会审纪要后，该条信息则自动进入会签流程,其会签顺序依次为施工单位、监理单位、设计单位、建设单位。在会签过程中,如果某个单位有不同意见,则需发起协商,由监理单位协调一致后对该条记录进行修改,重新进入会签流程。

图纸会审管理中各个业务层的功能及权限分析如表 11-1 所示。

表 11-1　图纸会审管理中业务层的功能及权限分析

业务层	功能	建设单位	设计单位	监理单位	施工单位
监理单位录入图纸会审记录、会审纪要	填写/上传			√	
	修改/删除			√	
	查看			√	
	下载			√	
施工单位会签图纸会审记录、会审纪要	查看			√	√
	会签				√
	下载			√	√
监理单位会签图纸会审记录、会审纪要	查看			√	√
	会签			√	
	下载			√	√
设计单位会签图纸会审记录、会审纪要	查看		√	√	√
	会签		√		
	下载		√	√	√
建设单位会签图纸会审记录、会审纪要	查看		√	√	√
	会签				
	下载		√	√	√
图纸会审记录、会审纪要存档	查看	√	√	√	√
	下载	√	√	√	

三、设计变更管理

(一)设计变更

设计变更是指在设计施工图正式审查完成后,根据项目建设的实际情况和建设需要修改设计内容的过程。设计变更管理是建设项目工程技术管理中十分重要的一项工作,也是各个参建单位都非常重视的一项工程技术管理工作。

设计变更在工程建设过程中的客观存在尤其体现在一些建设规模较大、结构形式较复杂、建设周期较长、周边环境和条件等制约因素较大的项目中。设计单位很难在项目实施前就将项目设计得尽善尽美,故而必然要在项目实施过程中进一步完善设计图纸。

另外,在项目建设过程中业主单位也有可能会根据自身对建设项目功能需求的变化而要求设计单位进行设计变更。

（二）设计变更管理

1）意义

设计变更管理要保证设计变更的必要性和合理性，并运用价值工程的理念和方法来比选设计方案。由于不恰当或频繁的设计变更不仅会影响原定的施工程序、施工计划和拖延工期，而且会增加工程量，导致工程造价超出预算，难以控制工程造价。不仅如此，设计变更后若不调整系统施工方案，还可能影响工程建设质量，甚至形成安全隐患。

2）手段

（1）设计变更管理的主要手段是控制设计变更流程。对此，很多单位都制定了专门的设计变更管理流程，以明确各个单位及部门的审批责任和审批内容。

（2）施工单位要从施工角度来审核，并确定设计变更后是否具有相应的施工条件。

（3）设计单位要从设计角度审核设计变更能否实现，并提出工程量及工程造价的增减意见。

（4）业主单位要综合考虑设计变更可能造成的影响，包括功能、投资、工期等，据此决定是否进行变更。

设计变更必须要经过各个单位和部门的逐级审批，审批人员要对设计变更文件负责。在建设项目工程技术管理信息系统的设计变更管理模块中，为了规范设计变更管理，明确规定了设计变更的审批流程。

3）要点

每一项设计变更的审批都会产生四个文件：设计变更建议书、设计变更现场洽商会议纪要、设计变更公事通知单和设计变更通知单。

（1）录入设计变更建议书。施工单位、监理单位、设计单位、建设单位都有可能提出设计变更。当施工单位、监理单位、设计单位提出设计变更时，设计变更建议书由设计变更的提出单位录入，其内容需阐述设计变更的原因、设计变更的依据以及方案比选过程的技术文件。当由建设单位提出时，则不需录入设计变更建议书，直接组织设计变更现场洽商会。

（2）审批设计变更建议书。审批人审批设计变更建议书，填写审批意见，并确定审批是否通过。不同的单位录入设计变更建议书时，审批流程也有所不同。

① 施工单位提出设计变更时，设计变更建议书审批顺序依次为监理单位、设计单位、建设单位。

② 监理单位提出设计变更时，设计变更建议书审批顺序依次为设计单位、建设单位。

③ 设计单位提出设计变更时，设计变更建议书只需建设单位审批。

（3）录入设计变更现场洽商会议纪要。在设计变更建议书审批完成后，建设单位应组织各个相关单位召开现场会来洽商设计变更相关事项。其中，设计变更现场洽商会议纪要是指设计变更现场洽商会形成的文件，由建设单位录入基本信息并上传附件。

（4）会签设计变更现场洽商会议纪要。会签顺序依次为施工单位、监理单位、设计单位、建设单位。

（5）录入设计变更文件和设计变更公事通知单。该通知单是设计单位根据设计变更现场洽商会议纪要编制的，通常由设计单位录入基本信息并上传附件。

（6）录入设计变更通知单及相关费用资料。该资料是施工单位根据设计变更现场洽商会议纪要、设计单位设计变更公事通知单及相关设计文件来编制的，一般由施工单位录入基本信息并上传附件。

（7）审批设计变更通知单及相关费用资料。设计变更通知单及相关费用资料的审批顺序应依次为监理单位、建设单位工程技术部、建设单位计划合约部、建设单位总工办。

（8）发布设计变更通知单。各单位审批完成后，发布设计变更通知单。施工单位须按照该文件进行施工，而建设单位也须按照该文件支付相应的工程款。

4）功能及权限

当设计变更由施工单位提出时，设计变更建议书中各个业务层的功能及权限如表11-2所示。

表 11-2　设计变更建议书中业务层的功能及权限分析（施工单位提出）

业务层	功能	建设单位	设计单位	监理单位	施工单位
施工单位录入	填写/上传				√
	修改/删除				√
	查看				√
	下载				√
监理单位审批	查看			√	√
	会签			√	
	下载			√	√
设计单位审批	查看		√	√	√
	会签		√		
	下载		√	√	√
建设单位审批	查看	√	√	√	√
	会签	√			
	下载	√	√	√	√
存档	查看	√	√	√	√
	下载	√	√	√	√

若由监理单位提出设计变更，则设计变更建议书中各个业务层的功能及权限如表11-3所示。

表 11-3　设计变更建议书中业务层的功能及权限分析（监理单位提出）

业务层	功能	建设单位	设计单位	监理单位	施工单位
监理单位录入	填写/上传			√	
	修改/删除			√	
	查看			√	
	下载			√	

（续表）

业务层	功能	建设单位	设计单位	监理单位	施工单位
设计单位审批	查看		√	√	
	会签		√		
	下载		√	√	
建设单位审批	查看	√	√	√	
	会签	√			
	下载	√	√	√	
存档	查看	√	√	√	√
	下载	√	√	√	√

若由设计单位提出设计变更,则设计变更建议书中各个业务层的功能及权限如表11－4所示。

表11－4 设计变更建议书中业务层的功能及权限分析（设计单位提出）

业务层	功能	建设单位	设计单位	监理单位	施工单位
设计单位录入	填写/上传		√		
	修改/删除		√		
	查看		√		
	下载		√		
建设单位审批	查看	√	√		
	会签	√			
	下载	√	√		
存档	查看	√	√	√	√
	下载	√	√	√	√

设计变更现场洽商会议纪要中各个业务层的功能及权限分析如表11－5所示。

表11－5 设计变更现场洽商会议纪要中业务层的功能及权限分析

业务层	功能	建设单位	设计单位	监理单位	施工单位
建设单位录入	填写/上传	√			
	修改/删除	√			
	查看	√			
	下载	√			
施工单位会签	查看	√			√
	会签				√
	下载	√			√

（续表）

业务层	功能	建设单位	设计单位	监理单位	施工单位
监理单位会签	查看	√		√	√
	会签			√	
	下载			√	√
设计单位会签	查看	√	√	√	√
	会签	√	√		
	下载			√	√
建设单位会签	查看	√	√	√	√
	会签	√			
	下载	√	√	√	√
发布	查看	√	√	√	√
	下载	√	√	√	√

四、施工组织设计管理

（一）施工组织设计的概念

施工组织设计文件是施工单位编制的指导性技术文件，主要按照施工对象进行划分。其中，对应建设项目总体所编制的是施工组织总设计，这是整个项目实施的纲领性文件。主要体现在两个方面。

（1）在招投标阶段，投标单位要针对建设项目认真编制施工组织设计文件，并将其置于投标文件中。

（2）施工组织总设计是施工承包合同的重要组成部分，是对一个施工单位进行评价的重要技术文件。

除施工组织总设计外，施工组织设计还包括单位工程施工组织设计和分项工程施工组织设计。一般来说，施工组织设计的编制对象范围越小，则内容越详细，也更具技术指导性。

（二）施工组织设计的要点

（1）以相关技术规程规范为依据，确定施工范围。

（2）全面布置建设施工场地，详细分析施工方案及先进施工工艺，从而明确提出针对某些特殊情况可采取的施工技术措施。

（3）合理分配施工人员、施工材料和施工机械。

（4）编制施工进度计划，确定关键工序，协调各个工作界面之间的关系。

（5）充分考虑施工风险因素，考虑具体项目的特殊性，不能以惯性思维照搬照套其他项目的施工方案。

（6）要运用价值工程理论选择最佳施工方案，不能只考虑施工的便捷性而忽略经济效益，也不能一味追求成本的节约而无视客观条件的制约。

（三）施工组织设计的意义

（1）使项目建设的各个参与单位更清晰地了解项目，从而保证项目的建设质量、建设进度及施工资源的合理配置。

（2）施工组织设计的编制工作不只是施工单位的指定工作。因此，项目各个参建单位都要积极参与该项工作。

（3）施工单位方案编制完成后，各个单位的相关部门要依次逐级审批。其中，技术管理部门审核技术方案、投资管理部门审核方案成本、计划管理部门审核项目进度计划安排、安全质量管理部门审核安全质量保障措施等。各部门只有制定出一套明确的审核流程，才能保障施工组织设计的有效性，真正确立施工组织设计对各项施工工作的指导地位。

（四）施工组织设计管理的业务流程

在建设项目工程技术管理信息系统中，施工组织设计管理模块为各个项目。其中，参与单位不仅要提供审批施工组织设计的通道，还要规范施工组织设计审批流程。

1）绘制施工组织设计管理业务流程图

绘制施工组织设计管理业务流程图有两个要点。

（1）录入施工组织设计。由施工单位录入施工组织设计基本信息，包括编制单位、编制时间、编制人以及内容概述，并上传施工组织设计文件。

（2）审批施工组织设计。由施工单位录入施工组织设计后，上报监理单位审批，然后依次由建设单位计划合约部、安全质量环保部、工程技术部、总工程师进行审批，最后存档。

2）各个业务层的功能及权限

施工组织设计审批中各个业务层的功能及权限分析如表 11-6 所示。

表 11-6　施工组织设计审批中业务层的功能及权限分析

业务层	功能	建设单位总工程师	建设单位工程技术部	建设单位安全质量环保部	建设单位合约部	监理单位	施工单位
施工单位录入施工组织计划	填写/上传						√
	修改/删除						√
	查找						√
	下载						√
监理单位审批	查看					√	√
	审批					√	
	下载					√	√
建设单位计划合约部审批	查看				√	√	√
	审批				√		
	下载				√	√	√
建设单位安全质量环保部审批	查看			√	√	√	√
	审批			√			
	下载			√	√	√	√
建设单位工程技术部审批	查看	√	√	√		√	√
	审批	√					
	下载	√	√	√	√	√	√

（续表）

业务层	功能	建设单位总工程师	建设单位工程技术部	建设单位安全质量环保部	建设单位合约部	监理单位	施工单位
建设单位总工程师审批	查看	√	√	√	√	√	√
	审批	√					
	下载	√	√	√	√	√	√
施工组织设计存档	查看	√	√	√	√	√	√
	下载	√	√	√	√	√	√

五、技术交底管理

（一）我国建筑业人员现状

当前,我国的建筑业发展迅猛,很多大型施工企业动辄上万员工,但很大部分员工综合素质良莠不齐,特别是一线施工人员。这是因为一线施工人员流动性较大,知识水平普遍不高,因此不熟悉现行的技术规程规范和施工工序。

然而,工程建设项目往往固定、复杂且唯一,项目差别较大,因此难以用既定的规则来统一指导全部施工项目的施工工序。不仅如此,在工程建设项目中,很多工作都是手工操作,在一定程度上会因为人员的不同而使施工效果也有所不同,甚至会造成施工质量上的缺陷。

（二）避免施工问题的措施

在每一个分项工程实施前进行技术交底工作。技术负责人要将所承建项目的项目特点、具体分项工程的施工工艺、相关技术规程规范、工程技术要求、施工操作以及施工监督的关键点等内容向参与施工的技术管理人员和一线操作工人进行详细介绍,使其清楚工作要点,以保证施工项目作业质量。

（三）技术交底工作

技术交底工作以分项工程为编制对象。只要工程建设项目没有竣工,就会存在技术交底工作。因此,该项工作贯穿项目建设的全过程,其所形成的技术交底资料既是辅助性施工指导技术文件,也是竣工验收资料的重要组成部分。技术交底文件的编制主要包括四项内容。

（1）施工人员将要进行的施工任务、工作时间。

（2）相关的设计图纸、设计要求。

（3）施工组织设计中对该项施工内容的相关部署。

（4）该项施工内容的技术规范规程、细部操作要求、需注意的安全事项、质量通病的克服措施、对该项施工内容完成情况的奖励和处罚措施等。

技术交底文件的编制必须能够切实指导现场施工,要全面、细致、有针对性,不能只是"文字工夫"。

（四）技术交底工作要点

（1）引起施工作业人员对施工作业中一些关键要点的重视。

（2）弥补不同施工作业人员之间的差距,让每个员工都能够顺利实施该分项工程的施工。

（3）技术交底工作完成后，不能只是简单地存档技术交底文件。

（4）现场实施过程中，施工人员要严格按照技术交底文件的要求进行施工。

（5）相关负责人要依据技术交底文件实时监督工程实施，并及时叫停不遵守施工技术交底要求的行为。

（6）相关负责人要兑现技术交底文件中规定的奖惩措施，让技术交底文件切实起到保障施工的作用，以确保其严肃性和约束力。

（五）技术交底工作功能及权限

在建设项目工程技术管理信息系统中，技术交底文件由施工单位录入，而文件编制人可随时修改、删除自己录入的信息。技术交底工作无审批流程，施工单位录入后即完成存档，相关单位可以查看、下载。技术交底中各个业务层的功能及权限分析如表 11-7 所示。

表 11-7　技术交底中业务层的功能及权限分析

业务层	功能	建设单位	监理单位	施工单位
施工单位录入技术交底	填写/上传			√
	修改/删除			√
	查看			√
	下载			√
技术交底存档	查看	√	√	√
	下载	√	√	√

六、工程试验管理

工程建设项目与普通工业产品不同，其生产具有一次性，一旦建成就很难更换或拆卸某个部位。由于大部分工程建设内容在竣工验收时都已被隐藏，因此竣工验收时很难一次性检测整个项目的工程建设质量，更不可能抽样检查隐蔽部位。所以，在项目建设过程中，必须随着建设实施进度及时对各个分部分项工程和检验项目进行质量检测，并聘请专业的工程质量检测机构采用科学试验手段，来试验项目的原材料、项目实施过程中形成的阶段性产品。同时，工程试验所得结论要作为重要的竣工验收资料，供各个建设参与单位和相关质量监督部门核查，这是确定建设项目质量验收结论的重要依据。

工程试验管理不仅直接关系到工程项目建设质量是否符合相关技术规程规范的要求，还关系到项目建成后使用者的生命财产安全。因此，必须要保证工程试验结论的客观性和真实性。监理单位作为业主单位委托管理现场的责任方，必须全面监督工程试验材料的取样、送检等过程，并保证试验材料在用于工程实体材料时具有随机选取性。工程试验管理可保证工程试验的及时性，故而要妥善保存工程试验资料，以供竣工验收时使用。

在项目工程技术管理信息系统的建设中，工程试验记录应由施工单位录入。文件编制人可以随时修改自己录入的信息，工程试验记录无审批流程，施工单位录入后即完成存档，相关单位可以查看、下载。

工程试验记录中各个业务层的功能及权限分析如表 11-8 所示。

表 11-8 工程试验记录中业务层的功能及权限分析

业务层	功能	建设单位	监理单位	施工单位
施工单位录入工程试验记录	填写/上传			√
	修改/删除			√
	查看			√
	下载			√
工程试验记录存档	查看	√	√	√
	下载	√	√	√

七、工程测量管理

（一）重要性

工程测量是工程建设项目实施过程中必须进行的基础性工作,任何施工工作都需建立在工程测量的数据之上。可以说,工程测量数据是重要的基础资料和施工依据,而工程测量则是项目工程技术管理建设的重要组成内容。工程测量工作必须反复进行验算,某个微小的错误都可能会造成后续工作中该错误的放大,最终导致无法挽回的损失。故而,必须要重视工程测量管理工作,使工程测量工作程序化、规范化,不因某一错误影响总体测量情况,从而避免测量事故。

（二）步骤

（1）在项目实施前,要通过工程测量,根据设计图纸定位放线拟建项目,并测定项目的控制高程,在平面和立面两个方向确定拟建项目的位置,为后续施工奠定基础。

（2）在基础施工阶段,因为基础位置的准确性对上部结构的质量和安全影响较大,其允许的误差值很小,所以必须通过工程测量来确定每一根桩的定位,并在实际实施过程中经常复核,一旦出现桩位的偏差要立即采取纠正措施。

（3）在主体结构施工时,要通过工程测量来控制每一层标高、建筑垂直度、结构平整度等数据,尤其是对墙柱定位的控制。具体来说,每层楼板施工混凝土浇筑完成后,要根据设计图纸重新定位墙柱,以保证钢筋绑扎位置和模板安装位置的准确性,从而保证建筑的总体垂直度,并以此来纠正混凝土浇筑过程的墙柱偏位,为后续施工提供保障。

（4）在施工完成后,要通过工程测量来测定建设项目的水平位移和沉降变形。将工程测量的数据作为研究项目安全性的重要依据,当位移较大或产生不均匀沉降时,必须及时采取措施来纠正。

（三）措施

（1）高度重视工程测量管理,详细制定工程测量的程序和制度,严格管理工程测量成果的交接、复测等各个环节。

（2）严格规范工程测量行为,保障工程测量的质量。

（3）统一工程测量台账的格式,使每一项工程测量数据都有据可依,并安排对应的负责人员。当出现问题时,要保证追溯数据来源和查找相关责任人的及时性,以使测量数据更具真实性、客观性和可追溯性。

（四）功能及权限

在建设项目工程技术管理信息系统中，工程测量记录由施工单位录入，文件的编制人可以随时对自己录入的信息进行修改，工程测量记录无审批流程，施工单位录入后即完成存档，相关单位可以查看、下载。

工程测量记录中各个业务层的功能及权限分析如表 11-9 所示。

表 11-9　工程测量记录中业务层的功能及权限分析

业务层	功能	建设单位	监理单位	施工单位
施工单位录入工程测量记录	填写/上传			√
	修改/删除			√
	查看			√
	下载			√
工程测量记录存档	查看	√	√	√
	下载	√	√	√

第六节　施工项目管理信息系统设计

一、系统整体框架

施工项目管理信息系统的总体设计理念是充分利用科学的信息化技术，采取合理的信息化手段，从信息在管理信息系统中的流动出发，不仅要实现工程项目的三大管理目标（质量、进度、成本）为核心的从决策到运营全过程的综合管理，还要从项目的全局角度来共享、协调和优化信息。

（一）待解决问题

以工程项目信息化管理技术成果为主要设计思路，可以对管理信息进行功能模块框架结构的设计。其中，在整体框架核心中待解决的基本问题有三点。

（1）如何实现关键管理对象的信息化。

（2）如何以流程管理和事件的方式实现施工项目的多目标多要素化管理。

（3）如何实现条件改变或限制时的施工艺决策和动态控制。

（二）解决措施

围绕这三大基本问题，可采取以下措施。

（1）以施工作业和管理工序为对象，利用网络技术和流程管理引擎，通过相应的技术手段，对施工资源与技术、质量、成本、进度、安全等管理目标进行处理，形成管理信息系统。

（2）在此基础上，设计相应的管理模块，以最终达到基于施工层面的工程项目信息化管理的目的。

（3）对管理对象的信息化处理手段既是信息化的关键技术，也是其他功能得以实现的基础。这是因为，其最终结果不仅完成了项目管理的基本目标，还实现了辅助决策和动态管理。

二、系统主要设计思路

基于上述整体框架设计的管理信息系统,需主要考虑以下四个方面的目标或功能。

(一) 项目化管理

通过流程管理引擎,建立工程项目管理化的多方向管理维度,即基于知识体系下建筑施工项目的全过程管理、建筑施工项目的多要素管理和建筑施工项目的参与方管理。

(二) 多目标管理

形成以项目管理目标为线索的施工项目技术、成本、质量、安全等多目标管理模式。

(三) 信息化和标准化

通过对工程项的结构分解 WBS、信息化编码的规则建立标准化信息分类体系,完成施工工艺库、工序库以及资源库的信息化和模板化。

(四) 施工工艺决策和动态控制

通过流程管理的方式,完成施工作业层面的智能化管理。以信息化工程技术、施工工序、工法、资源和相关的数据库技术为基础,辅助项目管理人员进行科学决策,有效预见并控制风险。同时,选择合适的数学算法和优化手段,实现对项目管理全过程的实时动态控制。

三、基于数据库技术的信息化设计

基于数据库技术的信息化设计过程分四步走,即信息的收集、信息的加工和处理、信息的存储以及信息的维护和使用。

(一) 信息的收集

将与项目相关的各类信息,有形的如资源信息、管理作业信息、材料信息、跟踪报表等;无形的如项目技术、施工工艺、经验等进行搜集汇总。

(二) 信息的加工和处理

采用统一的项目结构分解 WBS、合适的信息化分类体系和信息化编码,系统化、规范化加工和处理收集的信息。例如,将人工、材料、机械统一归类到资源库中,三级或四级分解施工作业,从而形成以施工工序为基本单位的管理工作链。

值得注意的是,标准化和规范化后的项目管理信息,必须能被计算机识别和操作,成为多项目、多参与方、多要素之间信息交流一致的语言。

(三) 信息的存储

将处理后的信息建成基于知识体系的行业数据库。具体来说,即结合网络计算机技术建立数据库管理系统,使这些数据库不同于仅仅是能够存储和查阅的普通电子文件,而是可以直接为相关软件计算分析并提供数据的有效信息。

(四) 信息的维护和使用

所建立的数据库除了必备的查询和存储功能,还要有后期的管理和维护功能,其目的是为新技术和管理方法在项目管理中的应用和发展提供接口。

四、多目标、多要素管理设计

要在管理信息系统中实现多目标、多要素的管理设计,就必须在不同的项目之间建立统一的管理规则和方式,以实现多个项目的信息化、规范化管理。在进行单个项目管理时,需将进度分析与控制、质量管理、成本分析与控制、安全管理、档案资料管理等多个管理模块融为一体。

不仅如此,还可以利用网络技术和流程管理引擎,以施工作业和管理工序为对象,在设置作业详细参数时,与施工进度、质量、成本、安全等管理内容关联起来,从而实现多要素化流程管理。

其中,基于工作流程原理的流程驱动技术会将管理项目中的工作任务按项目计划有机组织起来,并管理项目资源。同时,随着项目的推进,流程驱动技术会自动计算和统计项目在人力、材料、机械等方面的需求,判断项目进度和状态,以实现智能化"工作找人"和"工作找资源"。具体如图 11 - 3 和图 11 - 4 所示。

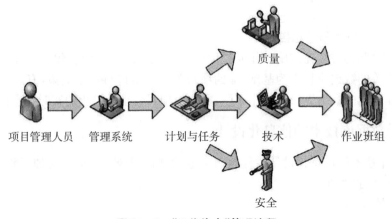

图 11 - 3 "工作找人"管理流程

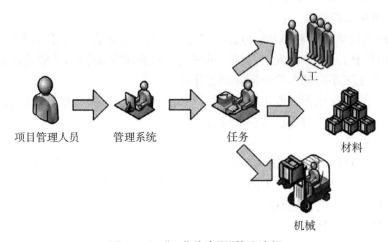

图 11 - 4 "工作找资源"管理流程

五、动态管理与资源优化设计

项目实施过程中,变化因素和干扰条件较多。在管理已确立的项目计划的过程中,往往会由于客观或主观原因,导致必须采取相应的措施调整管理目标或方式。因此,管理信息系统中的动态管理与资源优化的设计非常关键。

（一）采取措施

（1）参考管理的三大目标，即设计集工期优化、费用优化与资源优化模块于一体的动态管理平台。

（2）将丰富的优化算法和推理机制与项目管理理论中的动态调整手段相结合。

（3）完成以"计划—执行—控制"为流程的动态控制方式，实时比较项目管理计划值与实际值，如发现偏差，立刻采取控制措施或者调整手段。

动态控制设计理论构架如图 11-5 所示。

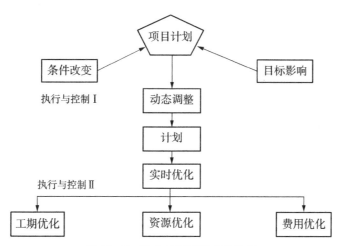

图 11-5 动态控制设计理论构架

（二）控制和优化工期的调整方式

1）改变工作关系

通过改变工作之间的逻辑关系，使网络随之改变，以达到调整的目的。

2）强制压缩

根据项目的具体情况，在获取调整范围后，对关键路径上的工作时间进行调整，从而达到对总工期的调整。

3）调整资源

通过对作业间的资源调配或在系统外直接添加资源，来达到工期调整的目的。

六、参与方管理设计

（一）共同参与

在业主、监理、设计、施工、管理等各个项目参与方之间建立资源共享平台，协调管理虚拟网络环境，并设计基于局域网的管理信息平台，使其可以更方便地参与管理活动。

（二）共有资源

对网络上的所有共享资源进行逻辑上的统一规划和物理上的分布式存储，为不同的应用系统提供统一的资源访问接口。

（三）管理权限

灵活设定管理系统权限，以满足多种参与方管理人员的要求，从而极大地减少项目交流过程中的障碍和信息交叉重复。同时,这也很大程度地避免了信息交换过程中出现的遗漏和衔接不畅等问题。

第七节 施工企业项目管理系统实施

一、建筑企业工程项目管理系统中存在的问题

我国建筑企业工程项目管理信息化建设已取得一定成就,但也存在一些问题,许多信息化建设并没有起到相应的作用和效果。主要包括以下七个方面的内容。

(一)态度敷衍

在信息化建设方面,许多企业的敷衍态度较强,认为信息化建设可有可无。

实践证明,项目管理信息化建设是提高建筑企业竞争力的重要手段。然而,我国现阶段的项目管理信息化建设正处于起步阶段,传统的管理模式仍然占据着主要市场。这说明信息化所带来的经济效益还没有表现出来,因此企业建设信息化工程还需不断加大资金投入。

当前,对于信息化建设工作来说,许多建筑企业依然存在着不重视、认识不全面、技术不完备等问题。不仅如此,建筑企业管理人员对信息化建设的意义也尚未形成明确认识。

在上述背景下,建筑企业若贸然开展信息化建设,则会因为对信息化软件不熟悉、对信息化建设人才运用不佳等问题,导致花费大量资金却一筹莫展的局面出现,从而影响信息化建设。

(二)内部工作不协调

从理论上来说,建筑企业工程项目管理信息化建设应定位于企业的整体。但是,许多企业在实际的信息化建设过程中,往往缺乏整体观念和系统规划,只关注工程管理的局部功能。这主要体现在:专业的管理仅存在于企业的某一部门,不仅造成资源浪费,还会导致部门信息沟通不畅,造成各部门工作节奏不一致,工作流程被切割,不能实现对建筑企业项目的全程管理。

(三)信息化施工人才不足

目前,我国很多建筑企业的管理人员对信息化的认识和重视程度不够,建筑行业市场的优秀工程管理人员也非常匮乏。这就导致在管理信息化建筑工程时,往往会因为专业人才的不足导致相关工作的延后和停滞。

(四)缺乏相应的规范

当前,我国缺乏对工程项目管理信息化的有效规制。这体现在对于部分工程项目中涉及利益的合同条款而言,其管理信息化必须要在国家的监管之下,由国家制定相应的规范制度,以实现建筑工程行业的项目管理信息化和规范化。但是,由于我国相关法律、规范还不成熟,而相应的信息化技术和软件研发技术也有所欠缺,因此企业在产业化软件的选择上并没有较多的余地,这一定程度上限制了项目工程管理信息化。

(五)相关技术尚不成熟

在建筑工程的施工进程中,尽管大多数施工单位开始重视对信息化技术的引入,但是还存在很多不足,造成了后期工作的缺陷。也就是说,若不能结合建筑工程的实际情况进行细致的分析处理,就会影响信息化技术的发挥效果。

（六）定制开发软件的效果不理想

定制开发软件是指企业根据自身需要提出独立的软件系统需求后，通过外包方式实现信息化的建设，并量身定制出适合企业需求的信息系统。然而，由于完全的产业化设计与企业管理需求不一致，因此定制开发的软件也会有自身的问题。

一般来说，理想的信息系统建设模式应为多数行业化积累的成熟产品和少量灵活的个性化需求，既要保证信息化系统的先进管理思想，又要满足企业自身的个性化需求。

（七）管理体系的不完善

随着经济技术的不断进步，越来越多的建筑企业在施工过程中都会运用信息化技术。然而，运用信息化技术管理时，若是没有统一完善的标准作为约束和参照，就会导致信息化技术的效用大幅降低。

二、建筑企业工程项目管理系统建设的有效措施

随着建筑企业的迅猛发展，其竞争也日益激烈。在这样的背景下，建筑行业要良好发展，就必须加强项目工程管理信息化建设。建筑企业要提高对信息化建设的重视，制定完善的信息化管理模式，构建完备的信息化管理系统，实现全过程信息化管理，提高工作人员的专业素养和综合素质，从而提高建筑企业的经济效益和核心竞争力。

（一）加强重视

建筑企业要实现工程项目管理信息化，就必须提高重视度，明确概念，以实现工程项目信息化的全过程覆盖，并及时更新管理理念，从而对推进企业的良性发展起到重要作用。对此，建筑企业可采取的措施有三种。

（1）将信息化建设与工程项目有机结合。

（2）给予足够的资金和技术人才支持，保证信息化建设的顺利开展。

（3）企业内部要大力宣传和推广，以获得广大工作人员的支持，从而获得充足的人力资源和技术支持。

（二）健全管理体制

完善的管理体制不仅可以为工程项目管理信息化建设提供良好的保障，还可以起到规范和约束的作用。对此，建筑企业可采取的措施有三种。

（1）根据行业趋势和自身情况，结合市场形势，改善企业原有的生产管理模式，加强工程项目管理信息化建设。

（2）注意不同部门的协调统一性，明确工程项目管理信息化的直接责任和职权，不同流程阶段的工作需安排不同环节的专人负责。

（3）激发工作人员的工作积极性，确保建筑工程项目管理信息化建设的早日推行。

（三）提高相关人员综合素质

项目管理信息化建设人员的专业素养和综合素质是决定工程项目信息化能否顺利推行的重要条件。对此，建筑企业可采取的措施有四种。

（1）重视人才，提高工作人员的专业素养和综合素质，打造一支高素质、专业化的信息化团队。

（2）加大人才引进力度，明确人才在信息化建设中的重要作用。

（3）优化调整原有的项目工程管理人员，为更多信息化人才提供机会。

（4）加强对工作人员的培训和教育，帮助其掌握更多的计算机知识和信息化技巧，从而更好地发挥出信息化的优势。

（四）国家重视

国家要加强信息化基础设施建设，加大人才培养力度。对此，国家可采取的措施有三种。

（1）制定完善的工程项目管理信息化制度，为企业实现项目工程管理信息化建设提供参考，并出台相关鼓励政策。

（2）加快工程项目管理信息化的基础设施建设，开发出可广泛应用的软件系统，为建筑企业提供技术保障。

（3）加强对信息化人才的培养，树立先进的思想观念，如通过提高待遇等方式吸引人才加入建筑行业，为建筑行业提供人才保障。

（五）提高技术

信息化技术在建筑工程管理中的运用可以有效缩短工期，缩减经济成本。这主要体现在两个方面。

（1）采购建筑单位的材料时，可以运用互联网来收集整理价格信息，并通过对比来实现建筑施工成本的有效控制，以保障建筑单位的经济效益。

（2）通过不断完善信息化技术，可以不断提高相关应用水平，进而更有效地利用施工过程中的各种资源，促使相关企业健康稳定地发展。

（六）完善信息系统一体化

完善信息系统一体化的意义主要体现在三个方面。

（1）为施工准备以及施工规划等提供精确的数据信息，以更好地促进建筑施工的顺利进行，保证建筑企业的稳步发展。

（2）在施工人员的管理工作中，可以对工作人员明确分工，并对其进行详尽的记录。

（3）通过不断构建和完善信息系统一体化，可以保障建筑施工的质量和效率。

第八节　施工项目智能化技术应用

现阶段，信息领域的软硬件技术的迅猛发展构筑了当前的大数据、物联网、人工智能飞速发展的信息时代。对此，工程建设的"主力军"也应深刻领悟到迅速开展以互联网、物联网、云计算、人工智能等技术为基础的企业信息化建设已成为新时代施工企业的必然趋势。

一、施工项目智能化技术的应用价值

（一）助推生产方式变革

1）提高资源集约化管理水平

以互联网为代表的信息化技术的深入应用，一方面推动了跨区域、跨组织开展物资、设备、劳务、服务的集中采购和保管使用，从而有效降低了企业的经营成本；另一方面为企业内外共享物资、设备、劳务、服务等资源提供了技术保障，进而有效提高了企业的资源利用率。

2）提升建造自动化应用程度

将 BIM 技术、在线监测平台、计算机辅助制造、计算机集成制造系统等信息技术应用于工程项目设计、制造、运输、存储等各个环节,可以逐步提高生产建造过程的自动化和智能化水平,进而实现钢筋自动加工、梁场智慧管理、搅拌站与预制构件的智能生产。

（二）赋能现代化管理

项目管理最大的浪费是沟通不顺畅、信息不对称、决策不科学而发生的隐性成本所导致的浪费。信息技术的跨时空同步传递、信息共享、云计算等优点为项目实施协同管理、消除信息孤岛、进行科学决策提供了技术支撑。

1）协同工作平台提升管理效能

建立项目内部协同工作平台,横向提升部门间的沟通协调效率,纵向增强部门对项目的管控能力,逐渐形成"小前端、大后台"的管理格局,以实现"管理部门之间业务协同、管理层与项目层之间管理协同",进而提升企业集约化管理,充分发挥企业的整体效力,激发员工的积极性。

2）建立项目参与方综合应用平台

聚焦安全、质量、进度等核心关注点,建设主管部门、业主、监理、总包、分包单位间协同工作平台,实现项目建设管理过程的信息和资源共享,从而提高项目综合管理水平,为矩阵式、扁平化的项目管理模式赋予了新的内涵。

3）数据中心化解"信息孤岛"

项目管理智能化系统建设的精髓是信息集成,其核心是数据归一和数据中心的建设。通过数据中心连接企业各类信息管理系统,实现项目产业链、业务链中各类数据与信息的互联互通,从而彻底化解项目"信息孤岛"的难题,提高项目管理效率。

4）大数据辅助项目科学决策

项目的智能化系统平台运行可以积累海量的数据资源,通过对数据资源的过滤、筛选、分类、计算和分析,形成项目自有的大数据决策中心,服务于项目的科学决策和总体管理,进而提高企业的整体运作效率和市场竞争力。

（三）驱动组织变革

1）"科层制"

"科层制"是项目管理组织的传统模式,通常都会存在管理层级多、责任主体多、岗位角色多、工作协同低等问题。面对新的行业发展环境,企业与项目传统组织结构的弊端日益突显。而信息技术的发展与深入应用不但可以使组织变革成为可能,并且可以加速这种变革趋势。

2）企业网络化

信息技术纵向改变了传统的层级式信息收集、加工和处理方式,免去了中间层的上传下达,减少了信息流通的中间环节,有效推动了企业的机构精简。

横向在企业内部打破部门界限,各部门及成员以网络形式相互连接,使信息和知识在企业内部快速传播,实现最大限度的资源共享。这样一来,除了可以提高资源的利用效率及市场的响应速度外,还可以大大提高企业的市场反应敏捷度。

3）项目平台化

通过建设项目协同工作信息化平台,在信息交互方面,实现项目经营管理集体、生产实施团队、资源配置部门、相关协作单位的信息互通和协同工作。

在项目建设实施方面,实现生产组织从区域化向专业化转变,业务管理从条块管理向协同管理转变,资源配置从分散独立向统一调配转变。

在要素管控方面,实现对项目劳力、物力、信息、时间、成本和风险等要素全集成专业化管理。

最终需实现项目参与方在统一平台下对工程项目的"跨区域协同生产、远程现场生产指挥、多部门协同工作、多组织协同管理"目标。

二、智能化张拉技术

智能张拉是指不依靠工人手动控制,而利用计算机智的能控制技术,即通过仪器自动操作完成钢绞线的张拉施工的技术。

在如今的桥梁道路建设中,预应力施工被广泛应用。其中,关键工序"张拉"施工质量的好坏,直接影响了结构的耐久性。实际操作过程中,传统的张拉施工往往依靠施工人员凭经验手动操作,导致误差较高,无法保证预应力的施工质量。不少桥梁因预应力施工不合格被迫提前加固,严重时甚至会发生垮塌事故,造成巨大的生命财产损失。

预应力智能张拉技术由于智能系统的高精度和稳定性,能完全排除人为因素的干扰,因此可以有效确保预应力张拉的施工质量,是国内预应力张拉领域最先进的工艺之一。

(一) 智能张拉设备

1) 组成

国内近些年对智能张拉开展研究的单位很多,如湖南联智桥隧技术有限公司、西安璐江桥隧设备有限公司、上海同禾土木工程科技有限公司、上海耐斯特液压设备有限公司、柳州泰姆预应力机械有限公司等。这些单位都研发出了各自特有的张拉设备,并在不同的工程中得到了应用。预应力智能张拉设备由千斤顶、电动液压站、高精度压力传感器、高精度位移传感器、变频器及控制器组成,其系统结构如图 11-6 所示。

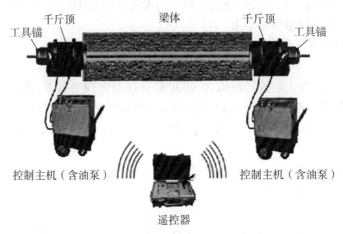

图 11-6 预应力智能张拉系统结构

2) 工作原理

(1) 通过手持遥控器控制箱进行操作,控制两台控制主机同步实施张拉作业,控制主机根据预设的程序发出指令,同步控制每台设备的每一个机械动作,自动完成整个张拉过程,实现张拉控制力及钢绞线伸长量的控制、数据处理、记忆存储、张拉力及伸长量曲线显示。

(2) 手持遥控器控制箱由嵌入式计算机、无线通信模块、数据储存卡等构成,可实现与主机的智能通信、人机交互、与 PC 机通信等功能,可通过与电脑连接,随意调取、打印张拉数据。

(3)通过传感技术采集每台张拉设备(千斤顶)的工作压力和钢绞线的伸长量等数据,并实时将数据传输给系统主机进行分析判断,实时调整变频电机的工作参数,从而实现高精度实时调控油泵电机的转速,实现张拉力及加载速度的实时精确控制。

(二)预应力智能张拉的特点

智能张拉设备较传统张拉设备的油缸分辨率高,油压响应时间短,应力读取速度快,伸长量读取的精度高,加载速度程序化不受人为因素的影响,可实现多顶同步均匀张拉。

1)精确施加张拉力

智能张拉依靠计算机运算,应力读取速度快,能精确控制施工过程中所施加的预应力值。

2)及时校核伸长量,实现"张拉力和伸长量的双控"

系统传感器实时采集钢绞线伸长量数据,反馈到计算机,自动计算伸长量,比人工计算速度快,能够及时校核伸长量是否在 $\pm 6\%$ 的范围内,实现应力与伸长量同步"双控"。

3)实现多顶对称,两端同步张拉

自动控制系统通过计算机控制两台或多台千斤顶的张拉施工全过程,同时同步对称张拉,实现了多顶对称,两端同步张拉。

4)智能控制,规范张拉过程

智能张拉自动化控制系统具有自动采集、保存张拉数据,自动计算总伸长量,自动控制停顿点、加载速率、持荷时间等功能,避免人工读数误差,避免人为原因操作不规范造成的数据不精确。智能张拉利用智能系统的高精度和稳定性,完全排除人为因素的干扰,有效确保预应力张拉的施工质量。

5)节约人力资源,降低管理成本

人工张拉要实现四顶两端对称张拉,最少需要六个人来完成操作,而且张拉时间较长。采用智能张拉,只需要三个人便可完成操作,大大节约了人力资源,提高了工作效率,降低了管理成本。

三、智能压浆技术

桥梁施工项目的过程中,预应力钢绞线主要通过水泥浆体与周边混凝土有效结合,实现锚固可靠性的提升,进而有效提升桥梁结构的抗裂性能与承载能力。桥梁工程的施工过程中,若预应力管道压浆密实度不够,内部孔隙过大,会对结构的耐久性造成很大影响,进而影响整个桥梁结构的使用寿命。对此,管道压浆施工质量在近年来被广泛关注,得到了高度重视。

(一)智能压浆设备

1)组成

智能压浆设备主要由进浆口测控箱、出浆口测控箱及主控机三部分组成。实时监测压浆流量、压力和密度参数,同时通过控制模型计算,自动判断关闭出浆口阀门的时间,及时准确地关闭出浆口阀门,自动完成保压、压浆。

2)工作原理

智能压浆系统主要是通过压力进行冲孔,使管道内部的杂质得以排尽,有效消除管道内部压浆不密实的情况。

在预应力管道的进浆口与出浆口,通过安装精密的传感器装置,实现水胶比、管道的压力、压浆流量等参数的实时监测,并将监测的数据及时发送至计算机主机,结合主机的分析与判断,对测控系统进行相应的反馈,使相应的参数值能得到及时调整,直至整个压浆过程顺利完成。

(二)管道智能压浆的特点

管道智能压浆具有精确控制水胶比、自动调节压力与流量、精确控制稳压时间、自动记录压浆数据、浆液持续循环排尽空气等特点,保证压浆饱满密实,符合规范和设计的要求。

1) 设备特点

通过"五个控制"提高压浆质量。采用智能压浆设备,能够控制水胶比值为 $0.26 \sim 0.28$;压浆压力为 $0.5 \sim 1.0$ Mpa;能够准确判断关闭出浆口的时间;保压时间自动控制为 $3 \sim 5$ min;保压压力能够保持在 $0.5 \sim 0.7$ Mpa。杜绝了人为控制的随意性及人工误差,确保管道压浆密实。

2) 调整压力和流量,排除管道内的空气

通过精密传感器实时监测各项参数,并反馈给主机,再由主机做出判断并自动进行调节。

及时补充管道压力损失,使出浆口满足规范的最低压力值,保证沿途压力损失后管道内仍满足规范要求的最低压力值;

及时调节浆液流量和密度,在稳压期间持续补充浆液,使其进入孔道,待进出浆口压力差保持稳定后,判定管道充盈。

3) 监测压浆过程,实现远程管理

(1) 压浆过程由计算机程序控制,压浆过程受人为因素的影响降低,可准确监测到浆液温度、环境温度、注浆压力、稳压时间等各个指标,切实满足规范与设计的要求。

(2) 自动记录压浆数据,可通过 PC 端打印报表。

(3) 通过无线传输技术,将数据实时反馈至相关部门,实现预应力管道压浆的远程管理。

4) 一键式全自动智能压浆,简单适用

系统将高速制浆机、储浆桶、进浆测控仪、返浆测控仪、压浆泵集于一体,现场使用只需将进浆管、返浆管与预应力管道对接,即可进行压浆施工,操作简单,方便施工。

5) 预应力孔道压浆的施工质量得到保证

(1) 智能压浆工艺配合专用压浆材料,对超长孔道压浆的施工质量有很大的提升。

(2) 智能压浆系统可以有效保障预应力管道内部的浆液密实度,降低内部孔隙,提升桥梁预应力的施工质量。

四、智能养护技术

在施工项目过程中,混凝土浇筑后,由于水化热作用,需要在适当的温度和湿度条件下才能不断增强混凝土强度。若养护不到位,混凝土水分蒸发过快,则容易造成脱水现象,导致内部黏结力降低,产生较大的收缩变形。所以,混凝土浇筑后初期阶段的养护非常重要。为了提高混凝土初期的养护质量,可以对预制小箱梁采用智能养护的方式,从而有效预防梁体表面出现干缩裂纹、混凝土强度不够等质量问题。

（一）智能养护设备

水泥混凝土智能养护系统旨在通过一键式操作实现全周期自动养护。其中，智能养护系统由智能养护仪主机、无线测温测湿终端、养护终端（包括喷淋管道和养护棚）组成。主要配件包括内置吸水泵、压力、温湿度变送模块、电磁阀、调速变频器、可编程逻辑控制器（Programmable Logic Controller，PLC）、配电系统等。通常情况下，一台智能养护仪可养护6片梁，其喷淋管道采用的是180°可调节的双枝高雾喷头，喷淋效果较好。

水泥混凝土智能养护系统采用的是先进的无线传感技术、变频控制技术，并通过控制中心根据不同配合比混凝土放热速率、混凝土尺寸、周边环境的温度和湿度自动进行养护施工，从而排除人为因素的干扰，提高养护效率与养护质量。具体如图11-7所示。

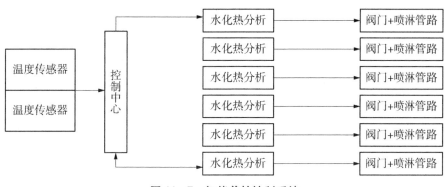

图11-7　智能养护控制系统

（二）智能养护施工

预制小箱梁混凝土浇筑完成后，待混凝土终凝后对箱梁顶板采用土工布覆盖，布置好养护管路以后，接通电源，连接外部水源，按下启动按钮，一键启动智能养护系统，自动完成全周期养护施工。

智能养护设备能根据梁体周边环境的温度和湿度自动判别是否开启恒压喷淋以及控制喷淋持续时间，达到智能养护的目的，并能够对养护全过程技术信息进行记录与保存，形成养护施工记录表格（喷淋时间、湿度、温度等）及相关的曲线（温、湿度—时间曲线）。

（三）智能养护的特点

1）全周期监测温度和湿度，适时喷淋以提高养护质量

智能养护系统可以全过程监测梁体周边环境的温度和湿度，并自动作出判断、控制喷淋管路完成养护，适时引导水化热释放，防止早期温度裂缝的出现，提高混凝土的强度和耐久性。

2）根据混凝土水化热量及水化过程热量释放率有针对性的养护

不同配合比的混凝土，其集料、水泥品牌、水泥用量等因素的不同对梁体的整体水化热影响很大，同时养护周期内不同时间点的水化热释放量是不同的，智能养护系统对此进行有针对性的养护，以切实保证水化热的平稳释放。

3）规范养护过程

根据施工技术规范及养护方案要求对水泥混凝土进行养护，极大地降低人为因素的干扰，保存养护周期内温度、湿度、喷淋启动时刻，喷淋持续时间，喷淋水压等全过程技术参数，便于质量管理与质量追溯。

4）一键完成养护、提高养护效率

智能养护系统可一键操作，全周期自动养护，方便操作，节省人力，极大地提高了养护效率。

五、智能检测机械设备

随着我国高速公路的大力建设，为了加强桥梁施工阶段的质量管理与控制，各种桥梁检测设备和技术不断被研发和应用，桥梁无损智能检测成为检测设备发展的方向。本部分主要介绍了项目在混凝土钢筋保护层、结构尺寸检测，锚下预应力检测、交工验收检测等方面采用的检测设备和技术。

（一）钢筋保护层厚度检测仪

钢筋保护层测定仪用于对钢筋混凝土结构钢筋施工质量的检测，是一种无损检测设备。可根据已知钢筋直径检测钢筋保护层厚度，检测钢筋的位置、布筋情况。

钢筋保护层测定仪由保护层测定探头，钢筋保护层测定仪主机和信号电缆三部分组成，电源为可充电锂电池。适用于钢筋直径 46～450 mm，保护层 6～190 mm 控制范围的钢筋施工质量测定。具有携带方便、检测速度快，自动记录储存数据，导出检测报表的功能。

施工项目中采用钢筋保护层检测仪进行施工自检能够及早地检测并发现施工问题，及时调整控制方法，确定改进措施，保证混凝土结构钢筋的施工质量，满足设计和规范的要求。

（二）手持激光红外线测距仪

随着桥梁预应力施工质量越来越受到重视，除现场规范施工外，如何确定张拉后的有效预应力也成了备受关注的问题。

施工项目中采用智能反拉法预应力检测仪进行桥梁锚下有效预应力检测，检测设备由智能张拉控制系统、张拉主机、穿心千斤顶、锚具夹片等张拉工作设备组成。

采用反拉法进行混凝土梁锚下预应力检测，需在张拉完成后 24 h 内，且未压浆的条件下进行检测。智能反拉设备的原理是，根据弹模效应与最小应力跟踪原理，当千斤顶带动钢绞线与夹片延轴线移动 0.5 mm 时，即测出有效预应力值。智能反拉系统通过位移传感器和应力传感器将数据传输至电脑软件系统，及时进行数据分析，并通过软件显示的 F－S 曲线，监控曲线的斜率变化，当曲线出现拐点，斜率明显发生变化时，计算出的即为有效预应力值。由于反拉时夹片随钢绞线轴线移动 0.5 mm，夹片仍牢牢咬住钢绞线，回油后，钢绞线会恢复原状，锚下有效预应力不会变化，从而达到无损检测的效果。

利用智能反拉法进行锚下预应力检测，由于采用的方式是逐根钢绞线，因此可根据检测结果来计算，从而判断出单根、整束、同断面的锚下有效预应力值偏差以及同断面、同束的不均匀度是否满足控制要求。不仅如此，其还可作为对预应力钢绞线来梳束、编束、穿束、调束工艺控制和张拉工艺控制的评价依据。

锚下有效预应力检测在提高桥梁预应力精细化施工和验收检测中具有极高的应用价值。图 11－8 展示了小箱梁锚下的预应力检测。

六、GPS 定位技术应用举例

全球卫星定位系统（Global Positioning System，简称 GPS），全称为导航卫星测时与测距全球定位系统（NAVigation Satellite Timing And Ranging Global Position System），是 20 世

图 11-8　小箱梁锚下的预应力检测

纪 70 年代美国国防部批准建立的一种卫星定位系统。

GPS 的用户设备部分包括 GPS 接收机、数据处理软件以及终端设备，主要功能是接收卫星信号，通过对接收到的导航定位信息进行简单的处理来进行定位。GPS 有不同的类型，根据用途一般可分为导航型、测量型和授时型。

GPS 最初的设计目的主要是应用于军事领域，随着 GPS 技术的不断完善和发展，GPS 自动化、全天候、高精度作业，能获得较大的效益，GPS 已广泛应用到社会生活工作的多个领域，给人们的生活带来了极大的便利，为社会的发展作出了巨大的贡献。

大型桥梁施工周期长、施工过程复杂，为了保证施工中桥梁各部位的变形在合理范围内，从而保证成桥线形满足设计要求，结构内力符合设计值，必须对施工全过程的结构和形态进行严格的监测。

桥梁监测一般需要全天候、连续地观测，传统的监测手段很难满足全天候监测的要求，GPS 定位技术的运用弥补了传统监测的不足，可全天候进行实时监测，获取高精度的三维坐标数据，同时计算机处理数据不仅减少了人为计算的误差，还节约了时间和人力成本。

运用 GPS 对桥梁变形监测在精度和效率上都优于传统的监测方法。GPS 技术已成为当今重要的监测手段之一。

在进行桥梁变形监测前，应先完成对 GPS 控制网的布设与观测，布设 GPS 基准点和观测点，进行变形观测，对测量数据进行处理分析，斜拉桥变形监测流程如图 11-9 所示。

七、智慧工地

（一）智慧管理平台

通过智慧管理平台，可接入现有的信息管理平台，并将施工项目信息三维航拍、建筑信息模型（Building Information Modeling，BIM）、梁场数据监控系统、梁场生产进度等关键信息进行统一集成汇总，形成统计所需的报表，存储于云端，供项目管理人员实时查看。

不仅如此，智慧管理平台还可在项目部门会议室的 LED 大屏上实时显示，使管理层一目了然地看到当前建设项目中的重点指标及状态，如施工项目进度信息、梁场生产现状、梁体库存及养护状况、人员调度及分布状况等信息，从而为管理层的决策提供指导依据，使管理层可以通过智慧管理平台直接进入相关分系统指导现场施工。

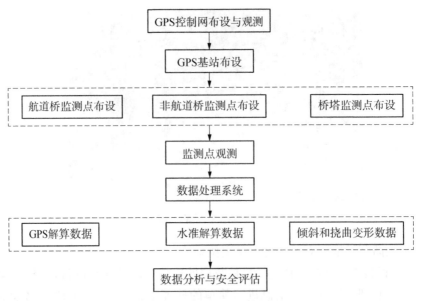

图 11-9　斜拉桥变形监测流程

（二）交底自动识别

BIM 模型中的每个构件都有独立的构件编号和钢筋模型编号，通过"智慧管理平台"识别程序生成钢筋加工大样图，同时计算出所需的梁数量和对应的钢筋数量，将大样图和钢筋数的相关数据传输到实施终端以及数控弯箍机上，从而完成钢筋订单化加工，实现 BIM 模型输出钢筋半成品。

平台通过输出模型信息，可以实现对数控设备进行控制的目的。梁场计划引入多台数控弯箍机，不同型号钢筋的加工数据传输到对应的数控弯箍机上，加工不同型号的钢筋。

（三）智慧模板

通过安装模板外架的传感器，可自动采集外模尺寸、模板反拱、基础沉降观测等数据信息。其中，建立模板生产台账，可将采集到的梁长、梁宽、腹板厚度等数据与 BIM 模型设计量进行对比分析，通过差错预警功能来提示工人进行纠偏，以实现制梁工艺的自动化与远程监控指导功能。具体如图 11-10 所示。

图 11-10　对模板进行传感器安装等改造示意

（四）半成品管理

1）钢筋半成品打包

由数控弯箍机加工出的钢筋半成品，按照一定数量进行绑扎"打包"，并附加打印的二维识别码,以便管理。二维码内容包含钢筋编号、型号、总长、大样图等信息,工作人员通过手机扫描即可在手机端显示二维码内容。

2) 钢筋半成品存放

加工厂内航吊通过识别二维码,读取加工厂内存放区域信息,按照设计的路线将钢筋半成品运输到指定区域内。钢筋半成品存放区域如图 11-11 所示。

图 11-11　钢筋半成品存放区

（五）梁档案库

对预制好的梁进行编号、定位及追踪,建立档案库,基于龄期管理的养护、张拉、压浆、移梁、存放、运架梁状态的记录。具体步骤为:

（1）对每片梁进行编号,通过平台整合工程部、质检部、试验室、拌和站的数据,使其可查询到混凝土的相关参数、施工记录以及混凝土作业班组、钢筋作业班组、质检人员、技术人员、报检情况、物资用料等信息。

（2）建立责任档案,做到有迹可循、有据可依,提升作业团队的管理意识,增强管理人员的责任感,从而提高现场管理效率和施工质量。

（3）对梁所处工序进行数据维护,结合平台中的浇筑日期记录及实验室人员对强度的跟踪,对梁体浇筑后的养护、拆模、初张拉、提梁、终张拉、压浆及封锚、涂刷防水涂料以及运架梁等一系列工序进行指导与提示。

（4）实验室人员通过检测试块的强度,在现场就可将强度录入平台,当设计强度达到 60% 时,平台提示工程部可进行拆模作业。同时,工程部向质检部报检,监理同意后,平台可向作业队发送拆模指令。

（5）随着施工进程的推进,平台需统计和分析收集的数据,并结合环境温度、养护情况等参数绘制强度影响曲线。

（6）通过数据整合,平台提示实验室人员在合适的时间去检测梁体混凝土强度,以完成数据的闭合。

（7）平台保存的数据是宝贵的施工经验,可用来指导下个流水施工。具体流程如图 11-12 所示。

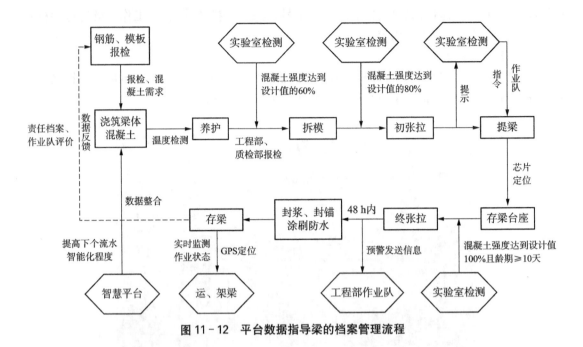

图 11‑12　平台数据指导梁的档案管理流程

(六) 喷淋系统

1) 喷淋系统与混凝土温度

平台将现场收集到的温度数据,包括模板温度、梁体芯部温度、环境温度进行处理,将数据反馈至现场喷淋设备,实现自动降温。在满足设计及规范要求的前提下,使混凝土温度处于可控状态。

2) 喷淋系统与养护周期

根据平台记录的梁体浇筑日期,在浇筑后的 14 天内,平台可反馈现场喷淋设备,自动对梁体进行喷淋养护,保障实体质量。

3) 喷淋系统与搅拌罐温控

对拌和站罐体温度进行监测,超限时平台发出报警,通知拌和站及实验室人员做出反应。

4) 喷淋系统与绿色工地

在拌和站和生产区,智能除尘可通过手动、定时方式以及与扬尘设备联动的方式进行现场的喷淋作业,设置空气质量中扬尘的阈值,实现超限报警自动启动现场喷淋,改善场区的施工、生活环境。

(七) 人车识别及定位

(1) 通过车辆识别、定位,可对施工机械、工程车辆进行有效管理。车辆定位亦可对项目车辆的费用、安全、效率等作出综合管理,监管车辆油耗成本。通过车辆监控系统实时对驾驶员的行为进行约束管理,降低事故风险。

① 车牌识别。在场区的出入口处安装车牌自动识别系统,通过车牌来对出入此区域的车辆实时判断识别,实现准入、拒绝、引导等智能管理,有效控制无关车辆随意进场的现象,实现对场内车辆的安全管理。

② 车辆定位。通过安装在施工机械、工程车辆上的 GPS 定位装置,将位置数据整合到平台上,可实时监测架、运梁等关键工序,一目了然地知道运梁车辆的行驶位置、速度及车辆运行

状态等,提高机械使用效率,进而提高工作效率。

（2）通过人员识别、定位,掌握具体作业人员位置。分析人力分布热点、减少窝工损失,实现意外发生时的主被动救援,同时结合视频监控数据建立工人实名积分制,对其日常工作表现进行评价,以积分兑换物资的形式作为奖励,以此来提高工人的积极性。

为工人佩戴智能安全帽。智能安全帽是辅助解决人员定位乃至劳务管理等问题的先进智能设备。以工人实名制为基础,"物联网＋智能硬件"为手段,通过工人佩戴装载智能芯片的安全帽,现场安装终端数据采集和传输系统,实现数据自动收集、上传和语音安全提示,最后在移动端实时整理、分析数据,清楚了解现场各工种人员的分布、人数热点的分布、个人考勤的数据等,给项目管理者提供科学的现场管理和决策依据。智能安全帽显示如图 11-13 所示。

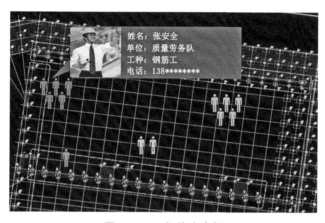

图 11-13　智能安全帽

（八）可视化视频监控管理

1）意义

（1）实现实时记录梁场生产动态。

（2）远程监控现场操作工人是否违规作业,如未佩戴安全帽、着装不规范等;录制施工过程视频,以随时观看每个施工过程,为工程质量提供保障。

2）范围

（1）对现场各区的关键要害部位、重点区域等现场情况进行 24 h 实时监控。

（2）清晰显示每个进入监视区域人员的进入时间、离开时间以及活动情况。

（3）管理人员在室内通过监控显示终端即可同时监视各个监控点的情况,若有异常可以马上采取必要措施,以防止意外情况的发生。

3）应用

（1）由于数据分享限制,平台目前只对接海康威视视频监控系统。

（2）已做视频服务器的外网映射,可直接接入系统。

（3）系统的画面显示方式既可以在操作台主机显示器上分组切换单画面显示,也可以在电视墙上分组轮巡显示,还可以进行云台变焦的控制。

其中,画面轮巡显示的显示顺序、切换时间以及分组等都可以通过键盘设置来实现。具体如图 11-14 所示。

图 11 - 14　可视化管理中心

（九）智慧资料

使用智能张拉、智能压浆、智能静载设备，可以将内部数据通过平台导入智慧办公模块中，并自动生成需要的检验批注，从而减少数据导出录入等环节，减少工作量，保证资料的准确性与及时性。

1）意义

智慧资料是工程项目管理的重要组成部分。结合平台收集到的混凝土参数、报检情况、各类施工台账的相关数据，可以实现对项目各类工程资料的管理，从而解决工程资料存储分散、版本管理难、纸质文件丢失、检索查询费时费力、各科室台账互传难等问题。

2）内容

（1）综合管理项目的海量信息、资料、文档。

（2）针对项目的不同参与科室或个人设置不同的访问权限，实现具有信息的安全存储、集中管理、快速分发和多方共享协同。

（3）通过网页端、移动端等各个终端，可以随时访问工程项目文件，了解动态的项目进展，辅助项目决策。

3）功能

（1）具有文件管理、权限设置、文件上传和下载、历史版本维护、文件分享、文档审批等功能。

（2）云文档管理系统可在网页端或移动端在线浏览常见格式的工程文档和 BIM 模型，如 dwg、rvt、doc 等格式的文档、图纸或三维模型。

云文档功能简介如图 11 - 15 所示。

图 11 - 15　云文档功能简介

（十）物资超市

物资超市有三个特点。

（1）利用平台的信息整合，参照物资管控模式，按照集约化、信息化的管控原则，对必要物资进行追踪，从原材料到半成品再到实体工程中的材料流转，借助二维码手段实现过程流转追溯，实现实体的追溯性。

（2）最大程度减少物资积压，合理管控备品、备件的库存。

（3）最大限度降低资金占用，提高物资保障效率。

物资超市的工作流程如图 11－16 所示。

图 11－16　物资超市流程示意

（十一）安质巡检

1）流程

（1）通过手机端实现培训教育、现场检查、整改通知、回复和复查的功能，确保安质管理履职履责、全程在线，同时掌握项目部门各关键部位安全和质量的落实情况。

（2）现场质量员、安全员在例行检查过程中，可通过手机对质量、安全问题直接拍照并填写质量、安全问题内容、检查区域、责任人、整改期限、罚款金额等信息，填写完成后系统自动推送给相关整改人。

（3）整改人接到相关隐患整改通知后，需整改相关隐患，并在整改完成后将整改后的照片上传至系统。整改结果填写完成后，系统自动推送给检查人进行复查。

（4）检查人在收到系统的复查提醒后，要复查现场的质量和安全问题，复查合格后将复查结果拍照上传至系统，工作闭合。

2）意义

（1）有效记录现场质量、安全管理的业务细节，将所有工作环节规范化。

（2）整改工作责任到人，防止发生互相推诿事件。

（3）巡检与报检过程中积累下的大量问题数据与影像资料亦可反馈给施工过程，并指导施工作业，同时对作业队伍进行比较与评价。

（4）项目及公司领导层可通过手机实时监控现场施工质量和安全管理状况，做好事前控制，防患于未然。

（十二）智能临电

运用物联网技术对施工现场临电（各级配电箱）进行综合管理，防范风险。智能用电终端示意如图 11－17 所示。

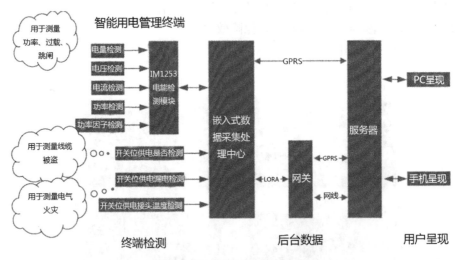

图 11－17　智能用电终端示意

其详细步骤为：

（1）实时监测现场各级配电箱的电流、电压，并及时统计分析各级箱体的用电数据。

（2）现场发生跳闸、过载等故障时实时报警，电工或相关管理人员可通过手机 App 实时追踪现场配电箱的运作状况。

（3）实时监测挖断线缆、偷盗电缆等问题，便于电工保安等相关人员通过 App 及时了解信息，处理问题。

（4）管理人员通过 App 可及时了解现场用电的状况及处理状态，便于统筹管理。

（十三）环境监测

1）扬尘监测

（1）查看指定工地上各扬尘监测设备的扬尘及 PM2.5 的数据。

（2）设置环境阈值，超过阈值自动启动除尘设备。

（3）查看当前实时数据，通过报表、图表等方式检索查看相应的历史记录。工地扬尘污染在线监测系统如图 11－18 所示。

图 11－18　工地扬尘污染在线监测系统

2）气象监测

（1）监测现场气象状态，包括空气湿度、风速、天气等。

（2）查看当前实时数据，通过报表、图表等方式检索查看相应的历史记录。

八、施工项目智能化技术应用的挑战

（一）对企业发展空间的挑战

施工行业一直是典型的同质化竞争行业，由于国家建设主管部门对信息化技术在行业中应用程度的日益重视，全国已有部分省市将建筑信息模型（Building Information Model, BIM）技术应用引入电子招投标系统，部分工程项目在中标后必须应用 BIM 技术。

在此背景下，BIM 和物联网等信息化技术逐渐成为行业优秀施工企业区别于其他施工企业的核心，如果企业不能在一定程度上掌握和运用信息化技术，将面临巨大的市场开发压力。

（二）对企业发展质量的挑战

随着信息化技术的发展和深入应用，行业优秀企业将充分应用信息技术，开展组织变革、压缩管理层级、重构管理流程、整合社会资源、运用集采模式，实现企业向组织矩阵化、管理扁平化、资源集约化模式的转变，从而提高企业的市场竞争力和盈利能力，这对信息技术应用落后的传统施工企业将形成一定的市场竞争压力。

（三）对企业组织活力的挑战

在信息化浪潮汹涌发展的时代背景下，建筑施工企业的组织活力，即组织敏捷力与组织竞争力已经成为衡量企业综合竞争力的重要指标。如果一个组织不具备组织活力，该组织必然会失去生存能力。

1）组织敏捷力

要求组织必须能够对市场变化进行快速感知，对组织结构及运行体系进行自我完善。

2）组织竞争力

要求组织的管理技术、装备技术、建造技术与互联网技术进行深度融合，从而持续迭代，升华这种能力。

第九节　施工项目 BIM 技术应用

一、BIM 技术概述

（一）发展

2002 年，欧特克公司副总裁菲利普·伯恩斯坦（Philip Brenstein）进行产品推广时提出了 BIM 的概念，自此 BIM 的概念正式确立。两年后，欧特克公司随自家 Revit 软件一并发布了使用手册《*Building Information Modeling with Autodesk Revit*》，手册中着重强调"BIM 技术使建筑行业内的计算发生本质的改变"。

随后，伯恩斯坦在《信息化建筑设计》一书的序言里对 BIM 做出评价：（BIM 技术）是建筑行业里设计与施工的一次革新，它的特点是为设计和施工中建设项目建立和使用互相协调的、内部一致的及可运算的信息……

《信息化建筑设计》里对关于 BIM 的评价是：建筑信息模型，是以 3D 技术为基础集成了建筑工程项目各种相关的工程数据模型，是对该工程项目相关信息详尽的数字化表达。建筑信息模型同时又是一种应用于设计、建造、管理的数字化方法，这种方法支持建筑工程的集成管理环境，可以使建筑工程在整个进程中显著提高效率，大量减少风险……

（二）现阶段定义

经过不断发展，BIM 的定义也在不断地扩充。结合现阶段对 BIM 的认知、理解，现阶段对 BIM 的定义一般归为以下三点。

（1）BIM 是建筑的结构、材料、几何尺寸等信息的数字化表达，是能以数字化的方式进行实际工程的各种虚拟环节，对各参与方而言是一个开放的共享型信息交换平台。

（2）BIM 的工作内容是通过统一的开放标准，在相同的数据交换协议的支持下，对建筑信息进行收集、完善、管理的过程。建设工程各参与方根据自身的需求、职责对模型信息进行提取、补充、更新等操作，对平台信息进行完善。

（3）BIM 平台的本质是提高管理效率，通过建设一个兼容、广阔的信息交换环境，为各参与方创造透明、合理、高效的交流平台；通过 BIM 对项目整个生命周期进行有效的管理。

二、倾斜摄影技术

作为近年来新兴的高新技术，倾斜摄影测量技术表现出了相较于传统测量技术的巨大优势及潜能。该技术通过飞行器搭载的影像拍摄器材获取目标区域内的影像数据，同时配合其他传感器同步获得影像数据对应的销售终端(Point Of Sale，POS)数据、目标区域内的纹理数据等，如图 11-19 所示。为了进行无人机倾斜摄影建模，必须先掌握其工作原理，了解建模的基本步骤。

图 11-19　倾斜摄影测量技术示意

（一）工作原理

与传统的正向摄影不同，为了配合后期算法的实现，摄影测量作业时对待测区域有多个角度的图像获取。通过搭载于飞行平台上的摄取设备（传感器），分别从一个竖直方向、四个相互垂直的倾斜方向（倾斜角一般为 45°）获取待测区域的图像资料。

五拼相机是常用的图像摄取设备（见图 11-20）。将五个相机集成，分别以一个竖直向下，四个彼此垂直的倾斜角度布置。只需布设一条飞行航线便可以获取待测区域五个角度的图像信息,可为后期的图形计算提供足够的信息输入。

在用倾斜摄影测量五拼相机进行图像摄取时,要同步记录拍摄点的高度、经纬度坐标、镜头姿态等信息。获取的图像在后期软件的计算中,除了根据控制点生成密集点云信息外,还要提取表面纹理数据。

图 11-20　五拼相机

（二）影像拍摄流程及特点

作为正射航空测量的改进版,倾斜航空摄影在航摄仪的结构、数据处理过程及最后生成的结果等方面都有不同程度的提升。

1) 流程

(1) 航线规划、拍摄参数设置、监控飞行、数据导出等。

(2) 作业时飞行器以预定航线飞行进行图像摄取,地面操作人员随时可以进行人工干预,以应对突发情况。

(3) 飞行平台应具有相应的传感器,保证在摄取图像时可以同步记录对应的飞行高度(绝对高度)、经纬度、镜头的三轴姿态等必要信息,以方便后期软件内的计算。

2) 特点

(1) 对待测区域进行不同角度的图像摄取,能获得顶面和侧面的图像,较单向摄影能获取更多的信息。

(2) 对于航线的设定情况,航向重叠率一般为 $80\%\sim90\%$,旁向重叠率一般为 60%以上。

(3) 基于影像位置及姿态信息,通过计算可以获得倾斜影像中对象的各种属性值,如高度、宽度和坡度等。基于以上计算值,有助于识别一些传统摄影测量中难以识别的物体。

(4) 倾斜摄影作业全程人员参与程度低,可减少人力投入和其造成的误差,充分发挥现代计算机的性能优势,解放行业生产力。同时,工作环节对人员需求较少,工作、保养成本低,可降低三维建模尤其是大范围的区域模型重建的成本。

(5) 倾斜摄影的生产成果为真三维模型,影响模型精度的主要因素为传感器精度,软件算法的科学性等。是对现有科技水平的充分利用。

（三）BIM 模型与倾斜摄影模型的关系

1) 联系

(1) 在融合模型中,BIM 提供了目标建筑的全部信息,包括建筑内部结构、表面纹理等信息;真三维模型提供了建筑所处的场地信息,为场景分析提供足够精准的数据。

(2) 倾斜摄影得到的需求侧管理(Demand Side Management, DSM)数据经过滤波、修整等手段处理后,可以提取出数字高程模型(Digital Elelation Mode, DEM)数据。DEM 数据在 BIM 模型的创建过程中能够提供地表信息,对于工程中填挖方的计算等起到了至关重要的作用。

2) 区别

(1) 数据来源。通过倾斜摄影技术得到的真三维模型,其输入的数据主要是影像资料、图像对应的 POS、姿态信息。获取方法是通过飞行平台,在规划好的航线上飞行,得到目标区域一个竖直向下和四个固定倾角的图像;同时配合平台上的定位系统、镜头的姿态管理系统获取图像的位置姿态信息。BIM 模型的建立所需要的数据主要有 CAD 图纸等。

(2) 建模方式。比较 BIM 模型和真三维模型的建设,应从人工参与程度、模型的修改方式、精度的保证等方面进行对比总结(见表 11-10)。

表 11－10　BIM 模型和真三维模型的建设对比

模型类型	人工参与程度	模型的修改方式	精度的保证
真三维模型	建模自动化程度高，人工干预少	导出需要编辑的模型区块，借助其他三维模型编辑软件进行编辑	影像等源数据的质量、空中三角测量的精度、后期的模型编辑
BIM 模型	多专业的设计师协同设计	模型的修改存在于整个项目中，可以根据实际问题在建模过程中随时快速修改	多专业模型间的碰撞检测，快速检查不同专业模型之间的冲突，保证模型的精度

（3）应用领域。通过倾斜摄影获得的真三维模型，将既有的环境信息完全复制为模型，影像精度的因素与采集图像的设备有关，相比于传统的人力现场测量，精准度会提升很多。真三维模型可以轻松实现长度、面积、体积等的测量功能。

（4）包含信息。两种模型均带有丰富的信息，如表 11－11 所示。

表 11－11　真三维模型和 BIM 模型信息

模型类型	包含信息
真三维模型	大范围真实场景的再现
	具有实际坐标，可以查询坐标、距离、面积、角度等信息
	建模过程中生成 DSM、DOM、矢量数据等
BIM 模型	墙体、门窗、柱、梁、楼板等构件的参数
	物料清单、平面图
	不同专业模型所包含的特有信息

（5）场地分析的实用性。通过 BIM 建立建筑及周边场地模型，需要对场地进行详细的测量，对周边原有建筑进行逐一标定、建模。即使为了方便而对现有建筑进行低精度的建模，工作依然较为烦琐。对模型进行结果分析时，精度受到的影响因素较多，影响因素较大的是人力投入对场地测量精度的限制。

与此对应，通过倾斜摄影获取场地信息自动化、集成化程度高，获取的真三维模型精度的影响因素主要为传感器精度、合成平台的计算能力，由设备和硬件水平决定，可以随着硬件配置的提升而解决，是对目前科技水平的最大化发挥。

三、BIM 在场地布置方面的应用

根据工程项目的需要，综合利用各 BIM 软件是本部分内容的核心思想，而建模完成后如何利用模型解决施工场地布置中实际问题的实现路径是研究重点。对此，在建模过程中可优化现场施工护栏围挡、现场道路塔吊等三维模型的布置方案。在完成场地布置三维模型后，不仅要使其对施工现场起到可视化的作用，还需要利用 BIM 技术解决施工现场中的实际工程问题，也就是模型的使用。

通过 BIM 技术所录入的信息，利用 BIM 模拟性、协同性等特点，并结合 BIM 软件优势，完成二维场地布置中无法实现的效果，从而使现场工程人员利用 BIM 技术模拟优化现场布置方案，提高施工质量，确保施工进度和现场的人员安全。

（一）BIM 场地布置优化的方法

（1）利用 BIM 技术可以实现施工场地布置中的虚拟建造模拟，全方位展示所建项目的环境、地形、施工设施等信息，从而科学、有效地分析施工场地。

（2）在项目实施前使用 BIM 技术可提前预见问题，提高工程建设的施工效率，真正发挥 BIM 技术的最大作用。

（3）在场地布置中使用 BIM 技术可以使工程人员仔细观察现场布置，并在不同施工阶段、不同季节环境、不同施工环境下对比工程模型的特征，提前熟悉工程施工流程，实现施工现场的合理化布置。

（4）将 BIM 技术作为信息交流和汇集的平台，通过 BIM 技术和模型，收集各专业、各阶段的信息资源，并通过 BIM 模型和平台进行共享展示，以实现各专业、各施工阶段的信息资源共享，最终实现施工现场的合理布置。

（二）施工场地布置方案的优化

（1）在施工现场布置中，合理的施工方案不仅能保证施工生产的顺序进行，还有利于施工效益的增加。而不合理的施工场地布置方案会造成二次搬运、材料损耗增加等不必要的人力、物力资源浪费，甚至可能在施工过程中造成安全隐患。

（2）合理的场地布置方案不仅可以满足施工工艺的需要，还能够通过合理的垂直及水平运输路径来降低现场机械、材料等的运输成本，从而提高场地的使用效率，降低安全风险。

（3）利用 BIM 技术可视化的特点可以解决传统施工布置方案二维布置的局限性，即通过三维模型的方式将各专业信息汇集到模型中，并应用三维可视化模型将场地布置方案呈现给现场施工、管理人员以及各专业工作人员。

（4）在 BIM 模型的基础上实现各专业在三维空间上对各专业布置方案的优化，可充分考虑各专业的协调、三维空间上场地布置的问题。

（5）利用 BIM 技术模拟性的特点，可模拟不同施工阶段和不同施工环境，故而在施工设备机械运输时，可针对不同阶段现场道路布置等问题，协调各专业的意见，并充分考虑三维空间的要求，从而实现场地布置方案的优化，保证施工的有序进行。

（三）施工机械的优化

1）施工机械设备布置中需要考虑的问题

（1）在起重机械的选择中，起重机能否达到起重能力的要求，其起重半径和起吊高度能否满足施工要求。

（2）施工机械设备自身所占空间和布置位置是否影响其他施工作业的进行。

2）意义

施工机械设备等的优化对施工的有序进行具有重要意义。

（1）利用 BIM 技术对现场机械设备的布置和选择进行优化，可以在满足作业能力的前提下选择更加符合施工现场空间和布置要求的施工机械，从而在符合作业能力的多种设备中选择出对自身空间影响较小、施工效率较高、成本较低的施工机械设备。

（2）利用 BIM 技术对施工机械是否满足施工要求进行模拟，包括施工技术作业半径、施工机械的高度、回转半径等是否满足现场施工的需要等内容。

（3）利用 BIM 的模拟性提前模拟施工机械设备操作过程，并与现场模型相结合，模拟机械设备进场路径、拆装过程等。同时，在动态模拟中提前发现设备进场、组装、作业以及其他安全隐患问题,从而合理选择机械及布置方案。

(4)完成施工塔吊布置方案后,现场工程人员可通过 BIM 三维模型进行调整,设置塔吊模型,在场地中合理优化现场堆场,并根据需要补充现场除塔吊之外其他设备的安排,以配合现场堆场布置和场地空间的要求。

(5)在优化过程中,工程人员可通过 BIM 技术三维可视化的特点功能,查看塔吊的作业半径范围(如水平作业参数和数值作业参数),并可根据实际情况进行修改。

(6)通过三维模型空间分析塔吊起重参数是否满足施工工艺要求,以确保堆场材料的运输满足要求,从而提高施工场地的使用率。

(四)施工道路运输路径的优化

施工道路运输路径布置也是场地布置方案的重点考虑项目之一,合理的场地道路布置对于现场运输及施工效率的提高具有重要意义。

(1)施工场地空间小,工程量大的高层建筑对于现场的交通运输要求相对较高,因此,在施工过程中需要现场工程人员利用 BIM 技术提前布置优化各施工过程的现场机械进场路线、运输车辆行进路线和运输车辆堆场路线。

(2)提前根据施工过程中的需要模拟计算运输量,布置施工现场运输路线,并通过 BIM 技术模拟分析施工现场内运输车辆所需的时间、运输量和车辆等待时间等。

(3)通过模拟优化运输路径,调整运输车辆行进路线,在保证现场运输畅通,满足运输量要求的前提下尽量减少运输成本。

(五)施工现场临水和临电的优化

由于现场临水临电布置的系统性和复杂性较高,因此在临水临电方案布置中需要各个部门和各个专业的相互协调,从而达到信息沟通协调的目的。

1)作用

(1)利用 BIM 技术的协同性,以 BIM 模型为基础建立信息交流平台,以实现各专业信息的实时交流,在施工过程中汇集相关工程信息,使各专业人员及时发现施工过程中的问题,优化临时用水用电方案。

(2)利用 BIM 模型可在临水临电布置中检查临水临电方案布置的合理性,检查其是否符合政策性要求以及在模型中测量消防设施的布置距离是否符合要求。

(3)在模型中可以对现场工程量进行统计,对于临水临电的管线材料、电缆、配电箱等进行具体数量统计,从而达到管控成本和安全管理的目的。

2)要点

(1)注意对各专业信息收集的准确性,在建模时应参考专业人员的意见,综合布置分析临水临电管线。

(2)根据施工现场的地形和施工环境等要求,利用 BIM 技术布置建模管线,以保证施工作业区的实际使用要求,并利用 BIM 技术建模,达到三维模型的展示效果。

(3)不同专业人员在建模过程中可提出各自意见,实现各专业信息的沟通和协同工作。

(4)充分利用 BIM 技术协同性的特点,尽量避免由于各专业信息不同造成的设计变更,从而提高施工效率,缩短施工周期。

(5)在各专业冲突较多的部位可重点使用 Revit 软件进行节点分析,并导入 Navisworks 软件中协同工作,检测碰撞,进行动态模拟,以确保管线之间没有空间上的碰撞冲突,最大程度上保证临水临电管线布置的合理性。

四、BIM 在施工模拟中的应用

（一）BIM 在桥梁施工阶段的应用

在三维模型的基础上，4D、5D 模型在桥梁施工中的应用能凸显更多优势。这是因为 4D、5D 模型不仅拥有 3D 模型直观精细的信息数据，而且在项目工程的整体成本控制上也有绝对优势，能对人力、物料、安排、项目资金、项目进程实施精确管理，绝大程度上降低项目的总成本，从而提高效益，提升桥梁的质量。图 11－21 为基于 BIM 技术的施工方案优化流程。

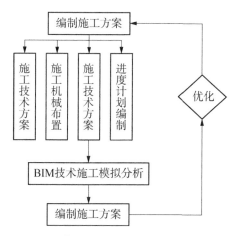

图 11－21　基于 BIM 技术的施工方案优化流程

利用 BIM 技术对主要施工方案进行模拟分析，利用 BIM 技术对施工场地布置、机器设备布置、施工方案布置以及其他附属工程（如模板配置等）进行模拟分析，并不断优化这一过程，得到更为经济、合理、安全的施工方案。以动态模型来展示施工的各个步骤能够极大程度地促进施工，保证施工进度。图 11－22 是利用 Navisworks 进行桥梁施工模拟的模型。

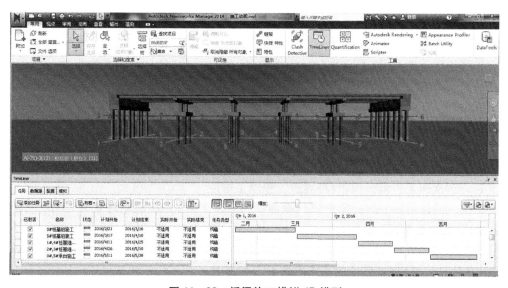

图 11－22　桥梁施工模拟 4D 模型

（二）隧道施工过程模拟

隧道施工过程模拟采用的是国内广联达公司的 BIM5D 软件，以方便沟通集成施工过程模拟。BIM4D 技术是在三维建筑信息模型的基础上附加时间信息，而 BIM5D 技术则是在 BIM4D 技术的原有基础上再附加成本信息，以形成五维建筑信息模型新技术。其中，附加成本信息是 BIM5D 技术在项目工程建设中最具价值的创新点。

1）隧道施工交叉中隔墙法（Cross Diaphragm，CRD）工法模拟

施工项目隧道施工工法有 CRD 法和台阶法。CRD 施工工法主要应用于隧道围岩环境最差的"V"级围岩，工序比较复杂。图 11 - 23 是利用 Autodesk Navisworks 软件模拟隧道施工所应用的 CRD 工法，预先生动形象地演示了隧道的开挖过程，从而帮助施工人员深入地理解施工工法，便于优化施工方案。

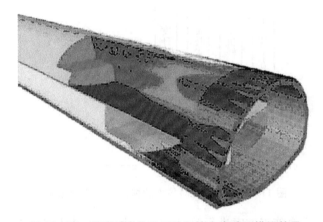

图 11 - 23　隧道围岩施工工法开挖方案动画模拟效果

CRD 工法模拟有三个步骤。

① 模拟 CRD 工法包括利用 Autodesk Revit 软件建立 CRD 施工工序开挖模型，将三维模型导入 Autodesk Navisworks 软件并渲染模型。

② 利用 TimeLiner 工具，按照 CRD 施工开挖顺序编制模型开挖进度表，关联匹配模型构件。

③ 最终生成隧道 CRD 工法开挖三维动画，模拟施工开挖现场，生动形象地交流施工方案，以便于施工人员理解。

值得注意的是，根据动画演示的开挖过程可预先调整施工工序。

2）隧道施工 4D 进度模拟

（1）隧道施工 4D 进度模拟有四个步骤。

① 将施工单位编制的项目整体施工计划与 BIM 技术相结合，加强虚拟施工项目。

② 进行多次施工过程模拟，管理隧道工程施工进度。

③ 对施工阶段可能发生的问题进行提前模拟，逐步修改并提前制订对策，优化进度和施工方案，指导实际工程施工。

④ 比较计划进度和实际施工进度，随时调整项目建设进度，确保项目建设的顺利完成。

（2）隧道施工 4D 进度模拟的具体内容有三个方面。

① 根据施工单位提供的隧道施工进度计划表分别生成项目左线隧道、右线隧道、服务隧

道的施工进度文件。

② 在 BIM5D 软件中对隧道模型进行流水段划分关联,将进度文件导入并关联图元,匹配构件实际施工进度和计划进度。

③ 设置不同时段隧道施工 4D 进度的显示动画,用不同颜色区分并对比实际和计划进度,以明确进度落后或进度提前情况、里程段步骤、宏观调控施工进度等。具体应用步骤如图 11‐24 所示。

图 11‐24　施工进度模拟流程

五、基于"BIM＋GIS"的桥梁施工管理平台

基于 BIM 与 GIS 的桥梁施工管理系统的设计与实现需通过将桥梁的 BIM 模型转化为 GIS 所需要的数据源,利用 GIS 特有的功能对桥梁 BIM 模型进行管理,并结合数据库中相应的数据,管理分析桥梁施工的整体过程,以更高效、更科学、更安全的方式进行桥梁施工。

实际上,桥梁施工最主要的三个工作是:项目的成本管理、进度管理和质量管理。在现阶段传统的桥梁施工过程中,项目的成本、进度和质量主要依靠文字、表格和图纸来管理分析,这种方式无法整合信息,也不能直观且高效地反映于施工管理中。对此,基于 BIM 与 GIS 的桥梁动态施工管理系统能够综合呈现桥梁施工管理的各种有效信息,提高桥梁的施工效率,降低施工成本,缩短施工工期。

(一)系统需求分析

需求分析作为软件开发的重要一环,直接决定了系统目标。综合考虑实际工作需要并结合已有的施工案例,笔者认为系统的基本需求有以下五点。

1)桥梁施工的信息化展示

(1)实现桥梁模型及施工地形的三维展示,使其能以三维动态的方式来演示桥梁施工的动态过程,并分项查看桥梁各部位施工的过程。

(2)全程展示桥梁施工的施工信息、施工状态、施工进度计划等内容。

2)施工数据的管理

(1)实现对施工数据信息的管理功能,主要包括施工图纸,施工工艺、变更登记、施工进度、施工成本和施工质量等内容。

（2）可随时查看相应数据并对其进行编辑或修改。

3）数据的收集录入

将施工进度、施工质量的检查情况、施工成本等情况收集录入系统的数据库内，并可合理地归类管理这些数据。

4）数据的分析

（1）对比分析实际施工进度与计划进度，进行偏差分析，以直观的方式体现其不同点，并根据偏差提出不同的解决方案。

（2）分析汇集的施工质量信息。

（3）进行成本信息整理。

5）报表管理

桥梁施工是一项复杂的工程，汇聚了施工进度、质量成本等各种信息，并产生了大量的数据。

（1）本系统以能快速查阅报表为主要目的，并通过系统获取所需数据，从而快速生成报表以供查阅与打印。

（2）本系统采用的是客户机/服务器（Client/Server，C/S）模式，这一模式能够实现客户端与服务器的直接相连，缩减响应时间，且可有针对性地进行软件系统开发。

（二）系统结构设计

通过分析系统功能需求，依据系统架构设计原则可知：桥梁动态施工管理系统结构由数据层、模型层和应用层组成。系统架构示意如图 11-25 所示。

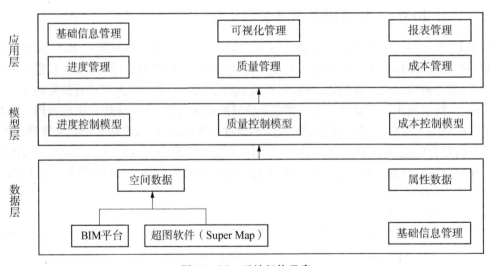

图 11-25　系统架构示意

（三）系统功能设计

1）功能

（1）实现对桥梁施工的管理。

（2）实现施工三维可视化技术交底及工程施工资料等基础信息的管理，收集控制进度过程信息，收集存储成本信息、质量信息，分析三维空间，处理基本的报表管理工作。

（3）实现信息管理的模块化，有效利用施工项目及施工过程产生的信息来辅助施工。其功能设计如图 11-26 所示。

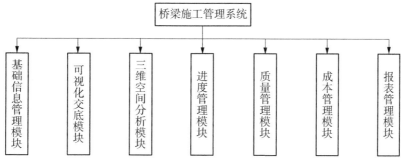

图 11-26　系统功能

2）模块组成

桥梁动态施工管理系统由七个模块组成，每个模块都有其特有的功能。

（1）基础信息管理模块。基础信息管理模块包括项目位置、项目效果图、变更登记、施工工艺、施工图纸和单体模型。

① 项目位置模块可在卫星地图上通过经纬度或名称查找项目所在位置。

② 项目效果图可查看项目渲染效果图和实际施工过程中每一阶段项目的实际效果图。

③ 变更登记可随时登记图纸的变更信息，并将变更信息入库；同时可以随时查看施工工艺和施工图纸。

④ 单体模型将施工模型每一构件单独划分，使其可查询单体构件的相关信息。

（2）可视化交底模块。可视化交底模块包括全景视图、单位工程可视化管理和分项工程可视化管理。

① 可视化交底模块可浏览和查看施工模型在实际地形中的全景，并实现三维模型的放大、缩小和漫游等功能。

② 实现桥梁施工过程的全过程动画演示。

③ 按照桥梁施工的分项工程划分，可动态演示每一单项工程的施工过程，并查询每个过程的施工进度及相关工程信息。

（3）三维空间分析模块。三维空间分析模块是利用三维 GIS 的特有功能，可以实现三维图形处理器（Graphics Processing Unit，GPU）分析和三维量算功能。其中 GPU 分析包括等高线、坡度坡向、淹没、可视域、视线、天际线和剖面的分析；三维量算功能可以实现距离量算、面积量算和高度量算。

（4）进度管理模块。

① 实现对施工进度的全跟踪，及时收集施工进度信息。

② 通过分析施工进度信息，可利用施工进度控制优化模型，从而对施工进度进行控制优化，以指导施工进度。

③ 利用三维模型的浏览功能可实现施工状态的三维浏览，以直观的形式展示施工进度状态。

（5）质量管理模块。

① 质量管理模块除材料质量管理和施工质量管理外，还包括具体质量问题的收集。

② 材料质量管理功能能够采集桥梁构件材料的检验质量信息，如检验记录信息的填

报等。

③ 施工质量管理功能则是按照桥梁分项工程,在桥梁施工的每一阶段收集其填报信息,实现质量信息存储的电子化。

④ 利用三维可视化特性,可直观地查看工程的质量问题。

（6）成本管理模块。成本管理模块主要是对数据进行收集、存储、分析,每日收集施工材料用量,分部分项统计实际施工的材料用量,为后期成本预算提供基础数据。本系统的成本管理功能主要是通过统计计划和实际施工成本数据来计算计划金额和实际金额的,进而分析施工进度。

（7）报表管理模块。

① 提供工程进度类、施工质量类和施工成本类的报表管理功能。

② 提供报表的查询、预览、编辑、更新和删除等功能。

参考文献

［1］张海贵. 现代建筑施工项目管理［M］. 北京：金盾出版社，2002.

［2］蒲建明. 建筑工程施工项目管理总论［M］. 北京：机械工业出版社，2003.

［3］中国公路建设行业协会重庆交通学院. 公路工程施工项目管理实务［M］. 北京：人民交通出版社，2005.

［4］周文国，沃哲. GIS 在施工项目管理中的应用［M］. 北京：中国建筑工业出版社，2016.

［5］朱燕. 计算机在施工项目管理中的应用［M］. 北京：中国建筑工业出版社，1996.

［6］加罗斯. D. 奥伯兰德. 工程设计与施工项目管理（第 2 版）［M］. 北京：清华大学出版社，2006.

［7］郭汉丁，王凯. 施工项目管理［M］. 北京：电子工业出版社，2010.

［8］徐勇戈. 施工项目管理［M］. 北京：科学出版社，2012.

［9］郭汉丁. 工程施工项目管理［M］. 北京：化学工业出版社，2010.

［10］张艳红. 公路工程施工项目管理［M］. 北京：化学工业出版社，2012.

［11］项建国，陆生发. 施工项目管理实务模拟［M］. 北京：中国建筑工业出版社，2009.

［12］李晓文. BIM 在施工项目管理中的应用［M］. 北京：中国建筑工业出版社，2016.

［13］中国建筑学会建筑统筹管理研究会. 施工项目管理［M］. 北京：北京工业大学出版社，1991.

［14］赵之仲. 公路工程施工项目管理及优化［M］. 北京：中国矿业大学出版社，2014.

［15］张焕. 施工项目管理规划［M］. 北京：中国电力出版社，2010.

［16］吕春雨. 道路工程施工项目管理技术［M］. 北京：中国水利水电出版社，2016.

［17］杜喜成. 建筑施工项目管理［M］. 北京：中国建筑工业出版社，2004.

［18］夏晓丽. 建筑施工项目管理［M］. 北京：科学技术文献出版社，2015.

［19］韩同根，李明. 建筑施工项目管理［M］. 北京：机械工业出版社，2012.

［20］王庆刚，李静. 建筑工程施工项目管理［M］. 武汉：武汉理工大学出版社，2011.

［21］北京土木建筑学会. 施工项目管理制度与岗位职责汇编［M］. 北京：经济科学出版社，2011.

［22］颜学英，高元涛. 建筑工程施工项目管理［M］. 北京：中央广播电视大学出版社，2011.

［23］李彬. 工程施工项目策划与项目管理［M］. 北京：原子能出版社，2010.

［24］王辉. 建筑施工项目管理［M］. 北京：机械工业出版社，2009.

［25］张立群，崔宏环. 施工项目管理［M］. 北京：中国建材工业出版社，2009.

［26］张迪. 施工项目管理［M］. 北京：中国水利水电出版社，2009.

［27］丛培经. 建筑施工项目管理［M］. 北京：中国环境科学出版社,1996.

［28］周文安. 建筑施工企业项目管理［M］. 北京：中信出版社,1997.

［29］黄淑森,程建伟,詹建益,等. 建筑施工组织与项目管理［M］. 北京：机械工业出版社,2012.

［30］刘兴亮. 施工项目责任成本管理探讨［J］. 经济管理文摘,2020(16)：73－74.

［31］张静. 建筑工程项目管理中的施工现场管理与优化措施［J］. 住宅与房地产,2020(21)：132.

［32］郑一凡. 论如何提高工程项目管理效益水平［J］. 河北企业,2020(7)：31－32.

［33］陈琳. 浅谈施工企业如何做好项目管理［J］. 城市建设理论研究（电子版）,2020(18)：31－32.

［34］王伟伟. 建筑工程项目管理中的施工现场管理与优化措施［J］. 居舍,2020(14)：145.

［35］唐征武. 基于事故致因理论的建筑施工企业安全管理体系及未来发展探讨和思考［J］. 中国高新区,2018(9)：222＋256.

［36］唐征武. 西咸北环线调整公路跨铁路 T 构两侧双幅同步转体施工技术研究［J］. 石家庄铁路职业技术学院学报,2018(1)：13－19.

索 引

后 记

纵览历史发展的长河,无论是社会学角度还是政治经济学角度,没有创新就没有进步。改革、创新、发展一体化已成为我国长期坚持的战略。创新是一个民族的灵魂,没有创新,就会面临"落后就要挨打"的局面,这是深刻的历史教训。

面对新的时期,建立适应生产力需要和市场需要,并可用来提升企业文化及品牌效应所需的施工项目管理模式,是施工项目企业所需面对的一项艰巨而关键的任务。只有不断创新,施工项目才能具有更强大的生命力。

市场的扩大意味着市场将被重新划分,企业如果没有管理、资本、机制、体制、技术等方面的优势,将无法占有相应的市场份额,并会因市场份额的减小而逐步被市场淘汰。特别是面临即将到来的国际承包商进入中国施工项目市场和国内施工项目企业进入国际市场的时代,我国施工项目行业所面临的竞争对手已扩展到世界范围。对此,施工项目企业必须正视和应对世界经济的竞争与挑战。由此可见,时代的巨大变革迫切要求施工项目企业必须加快施工项目管理的完善与创新。

最后,我要向在我成长和工作过程中给予帮助的老师、领导、同事、朋友及共同战斗过的"战友们"表示衷心的感谢!除此之外,在撰写本书的过程中,很多专家朋友们或答疑解惑,或寄借资料,或批注修改,或线上讨论,慷慨相助,给了我莫大的支持。对此,要向这些朋友表示最诚挚的感谢!

唐征武

2020.9